humboldt

Gisa Bührer-Lucke

Mit Messer und Gabel gegen Krebs

Antikarzinogene Ernährung
Gesund, Bewusst, Wirksam

Verlegt bei Humboldt

Inhalt

Vorwort

Liebe Leserin, lieber Leser,

Vorbeugen ist besser als Heilen – das gilt ganz besonders für die Krankheit Krebs! Seitdem ich mich als Präsidentin der Deutschen Krebshilfe mit diesem Thema intensiv beschäftige, wird mir immer stärker bewusst, welche Möglichkeiten jeder Einzelne hat, sich zu schützen. Bei vielen Krebsarten wurde der Zusammenhang zwischen Krankheitsentstehung und Lebensführung bereits nachgewiesen. Deshalb hat es jeder selbst in der Hand, sein Krebsrisiko deutlich zu senken. Experten schätzen, dass bei gesunder Lebensführung bis zu zwei Drittel aller Krebskrankheiten vermieden werden könnten. Beachten Sie deshalb folgende Hinweise:

- Rauchen Sie nicht! Unterstützen Sie Kinder und Jugendliche, damit sie gar nicht erst mit dem Rauchen anfangen.
- Senken Sie Ihren Alkoholkonsum!
- Bewegen Sie sich regelmäßig!
- Gehen Sie aufmerksam mit Ihrem Körper um und nutzen Sie die kostenlosen Krebsfrüherkennungsuntersuchungen!
- Ernähren Sie sich gesund und vermeiden Sie Übergewicht!
- Essen Sie reichlich Obst und Gemüse! Damit nehmen Sie schützende Substanzen zu sich, vor allem die so genannten sekundären Pflanzenstoffe. Sie werden zwar erst seit einigen Jahren erforscht, doch schon heute ist bekannt, dass sie dem Körper bei der Entgiftung helfen, das Immunsystem aktivieren, die Wirkung von Krebs erregenden Stoffen hemmen und das Zellwachstum regulieren. Motivieren Sie Ihre ganze Familie zum Mitmachen. Dann fällt es allen viel leichter, sich gesund zu ernähren: Morgens ein Glas Obstsaft, zwischendurch Äpfel, Birnen, Orangen oder Bananen, zum Mittagessen eine große Portion Gemüse und abends einen Salat – schon haben Sie das Ziel erreicht, fünfmal am Tag Obst und Gemüse zu essen.

Mit dem zuletzt genannten Aspekt, nämlich den Zusammenhängen zwischen der Ernährung und den verschiedenen Krebserkrankungen, befasst sich das vorliegende Buch „Mit Messer und Gabel gegen Krebs“. Sie finden darin eine allgemeinverständliche Darstellung der bislang erhobenen Forschungsbefunde und ganz konkrete Tipps für Ihren Alltag. Mit dieser Veröffentlichung von Frau

Bührer-Lucke wird die Arbeit der Deutschen Krebshilfe ergänzt. Dort, wo Fragen unbeantwortet bleiben, mag eine Nachfrage beim Informations- und Beratungsdienst der Deutschen Krebshilfe hilfreich sein – die Mitarbeiterinnen stehen Ihnen gerne mit Rat und Tat zur Seite.

Ich wünsche dem Buch einen großen Erfolg und Ihnen, liebe Leserinnen und Leser, Freude beim Lesen und Durchhaltevermögen bei der Umsetzung der Ratschläge.

Prof. Dr.-Ing. habil. Dagmar Schipanski
Präsidentin der Deutschen Krebshilfe

Der europäische Kodex zur Krebsbekämpfung

10 Regeln, die Ihr Leben retten können

- Ich rauche nicht.
- Ich verringere meinen Alkoholkonsum.
- Ich esse mehr frisches Obst und Gemüse.
- Ich esse fettärmer und bewege mich viel.
- Ich schütze meine Kinder und mich vor der Sonne.
- Ich befolge die Hygiene- und Sicherheitsvorschriften.
- Ich gehe bei körperlichen Veränderungen zum Arzt.
- Ich gehe zum Arzt, wenn ich andauernde Beschwerden habe.
- Ich gehe einmal im Jahr zur Krebsfrüherkennungsuntersuchung.
- Ich untersuche regelmäßig meine Brust.

Grundlagen und Wissenswertes über Ernährung und Krebs

Grundlagen und Wissenswertes über Ernährung und Krebs

»Und Sie meinen, wenn ich all das esse, was Sie da aufzählen, dann bekomme ich keinen Krebs?«

Ich kann mir vorstellen, dass diese Frage, ungläubig einerseits und hoffnungsfroh andererseits, mehr als einmal gestellt wird. Und ich kann darauf nur antworten: »Wenn es so einfach wäre!« Denn diese Frage mit ja zu beantworten, wäre schlicht vermessen. Das Thema Krebserkrankungen ist vielfältig, komplex und kompliziert. Auch können Sie leider trotz gesunder Ernährung und Lebensführung an Krebs erkranken. Dennoch möchte ich betonen, dass wir mit gesunder Ernährung unser Krebsrisiko deutlich minimieren können. Die Präsidentin der Deutschen Krebshilfe, Frau Professor Schipanski, hat es in ihrem Vorwort gesagt: Wir haben es in der Hand, wir können selbst etwas tun.

Natürlich weiß ich um die Frauen, die die Brustkrebsgene BRCA 1 und BRCA 2 in sich tragen und darum einem höheren Risiko ausgesetzt sind, Brustkrebs zu bekommen. Ich weiß um Kinder und Jugendliche, die an Krebs erkranken. Manche werden mir deshalb vielleicht entgegenhalten, dass das Essen dann doch auch keine Rolle mehr spielt. Dem kann ich aber nicht zustimmen. Grundsätzlich rate ich allen zu einer gesunden Ernährung. Selbst eine genetische Disposition bedeutet noch lange nicht, dass die Krebserkrankung auch tatsächlich auftritt! Außerdem hat eine gesunde Ernährung immer den Vorteil, dass unser körpereigenes Immunsystem so funktioniert, wie es soll. Denn nur eine intakte Abwehr ist im Falle einer Krebserkrankung in der Lage, den Körper im Kampf gegen die Krebszellen wirksam zu unterstützen. Eine gesunde Ernährung lohnt sich grundsätzlich für jeden und in jedem Fall.

Ich will auch nicht verschweigen, dass von Zeit zu Zeit Studienergebnisse auftauchen, die bereits vorliegende Studien widerlegen oder zumindest infrage stellen. Ich werde in einzelnen Abschnitten darauf eingehen. Plötzlich heißt es, dass dies oder jenes doch nicht den gewünschten Effekt in der Krebsvorsorge bringt. Meist stellt sich in solchen Fällen heraus, dass die Forscher einzelne Substanzen isoliert haben und dann entweder gesondert oder mit anderen Wirkstoffen zusammen auf ihre Tauglichkeit hin geprüft haben. Solche Versuche finden jedoch im Reagenzglas statt und lassen deshalb nur bedingt Rückschlüsse auf entsprechende Reaktionen im menschlichen Organismus zu.

Doch trotz vorhandener Widersprüche existieren konkrete Hinweise aus der epidemiologischen Forschung (epidemiologisch bedeutet in diesem Fall, dass in großen Studien Daten von Menschen gesammelt werden, die Auskunft über ihre Ernährungsgewohnheiten und Krankheiten geben), die den Zusammenhang zwischen Ernährung und Krebs untermauern. Und es gibt andere Untersuchungen, die darauf hindeuten, dass bestimmte Krebsarten wie etwa Leukämie und Lymphdrüsenkrebs nichts mit der Ernährung zu tun haben.

Noch sind nicht alle Verflechtungen von Krebs und Ernährung restlos geklärt. Mit vielen Unsicherheiten hofft deshalb die derzeit laufende EPIC-Studie (European Prospective Investigation into Cancer and Nutrition) aufzuräumen. Langfristiges Ziel von EPIC ist es, die Zusammenhänge zwischen Ernährung und Krebs, aber auch zwischen Ernährung und chronischen Erkrankungen wie Bluthochdruck oder Diabetes zu klären.

Über 475 000 Personen nehmen daran teil: Frauen zwischen 35 und 65 Jahren und Männer zwischen 40 und 65 Jahren. Es handelt sich um eine multinationale, groß angelegte Studie mit Studienzentren in neun europäischen Ländern, die 1990 gestartet wurde. Beteiligt sind Großbritannien, die Niederlande, Frankreich, Italien, Spanien, Dänemark, Griechenland, Schweden und Deutschland. Um statistisch gesicherte Erkenntnisse zu bekommen, ist es wichtig, dass die Untersuchung Daten von Menschen mit möglichst vielen verschiedenen Ernährungsweisen beinhaltet. Zubereitungsarten wie Grillen und Braten werden ebenfalls kritisch unter die Lupe genommen. Die Studie beschränkt sich jedoch nicht auf Befragungen; auch Blutproben werden untersucht, um Hinweise auf Blutfettwerte, Hormon- und Vitaminspiegel zu bekommen.

Die Bundesrepublik ist mit zwei Studienzentren dabei, die von der Abteilung Klinische Epidemiologie des Deutschen Krebsforschungszentrums in Heidelberg und vom Deutschen Institut für Ernährung in Potsdam durchgeführt werden. Finanzielle Unterstützung erfährt diese groß angelegte Untersuchung unter anderem durch das Programm »Europa gegen den Krebs«. Die Deutsche Krebshilfe unterstützt die beiden deutschen Arbeitsgruppen mit rund 2,25 Millionen Euro. Mit konkreten Auswertungen der Studie wird in

Deutschland im Jahr 2004 gerechnet. Einige Länder sind bereits dabei, allererste Ergebnisse in der Öffentlichkeit vorzustellen.

Auch die Weltgesundheitsorganisation WHO rät zu einer gesunden Ernährungsweise und warnt nachdrücklich vor Übergewicht. Krebserkrankungen der Brust, des Magen-Darm-Trakts und der Nieren gehen zu einem Drittel auf das Konto von Übergewicht, heißt es in einem Statement der WHO. Sie reagiert besorgt auf die zunehmende Zahl der Übergewichtigen in Europa, wo bereits die Hälfte der erwachsenen Bevölkerung zu viel auf die Waage bringt; in den USA sind es schon über 61 Prozent. Es ist leider auch eine Tatsache, dass Deutschland neben Dänemark den niedrigsten Gemüseverbrauch hat, nämlich nur 100 Kilo pro Kopf und Jahr. Das ist im Vergleich zu den Mittelmeerländern nur halb so viel. Beim Obst allerdings halten sich die Mengen in etwa die Waage.

Die Hälfte der Erwachsenen in Europa wiegt zu viel. Übergewicht kann ein Auslöser für verschiedene Krebserkrankungen sein.

Übrigens: Trotz dieser wenig zufrieden stellenden Zahlen haben die Bundesbürger aber durchaus ein Bewusstsein für gesunde Ernährung. Zumindest ein theoretisches. Laut einer Umfrage halten nämlich 53 Prozent Gemüse für das gesündeste Nahrungsmittel. Zwei Drittel aller Befragten sind sogar davon überzeugt, dass der Verzehr von Obst und Gemüse Krankheiten vorbeugen kann.

Na bitte! Jetzt müssen wir es nur noch schaffen, die Lücke zu schließen, die zwischen dieser theoretischen Erkenntnis und der praktisch Umsetzung klafft. Mit diesem Buch sind Sie, liebe Leserinnen und Leser, auf dem besten Wege.

Ernährung im Wandel der Zeit

Immer wieder taucht die Frage auf, ob unsere Großeltern und Urgroßeltern vielleicht gesünder gegessen haben als wir und womöglich deshalb von einer Krebserkrankung verschont geblieben sind. Die Frage lässt sich relativ leicht mit einem Nein beantworten. Zum einen haben sich unsere Vorfahren alles andere als gesund ernährt. Das werden Sie rasch merken, wenn Sie mich auf einen kurzen Streifzug in die Vergangenheit begleiten. Zum anderen war Krebs damals kaum ein Thema, weil die Menschen meist gar nicht so alt geworden sind, um einen Tumor zu entwickeln. Denn in gewisser Hinsicht ist Krebs auch eine Alterskrankheit. Mit zunehmender Lebenserwartung steigt die Zahl der Krebspatienten. Das größte

Risiko, zu erkranken, besteht zwischen 45 und 70 Jahren. (Ausnahmen: Leukämien bei Kindern; auch Frauen, die an Brustkrebs erkranken, sind oft erheblich jünger als 45).
Die Erklärung dafür ist einfach: Mit jedem Jahr, jedem Jahrzehnt altert natürlich unser Organismus. Die Zellen werden mürbe, das Hormonsystem verändert sich ebenso wie der Stoffwechsel und das Immunsystem. Die Fähigkeit, Störungen zu regulieren, lässt nach. Derartigen Veränderungen waren unsere Vorfahren nur in Ausnahmefällen ausgesetzt, denn so alt wurden sie in der Regel nicht. Folge: Trotz einseitiger Ernährung kam die Krankheit Krebs gar nicht erst zum Ausbruch. Bei ihnen herrschten andere Erkrankungen und Mangelerscheinungen vor wie Rachitis, Skorbut oder Schwindsucht.

Krebs ist in gewisser Hinsicht auch eine Alterskrankheit, da unser Organismus mit der Zeit die Fähigkeit verliert, Störungen aufzufangen.

Zentrales Thema zu allen Zeiten

Für die Mehrheit der Bevölkerung in Europa ist ausreichende Ernährung noch bis zur Mitte des 20. Jahrhunderts ein Thema von zentraler Bedeutung. Hungersnöte, bedingt durch Missernten und Kriege, verknappen das Essen und verursachen Krankheiten. Vor allem im 10. und 11. Jahrhundert ziehen die ständige Unterernährung Tuberkulose und Pest nach sich. So richtig satt werden die Menschen nicht. Nur die Tische der Adeligen und wohlhabenden Bürger sind reich gedeckt.
Das einfache Volk im Mittelalter (und darüber hinaus) muss sich mit Brot (aus Roggenmehl), Brei (Gerste und Hafer) und Hülsenfrüchten zufrieden geben. Fleisch gibt es für die Armen nur zu ganz besonderen Festlichkeiten wie Hochzeiten und an hohen Feiertagen wie Ostern und Weihnachten. Und auch dann kommt nur Schwein auf den Teller. Denn die Jagdrechte für alles andere – Wildschwein, Hirsch, Reh, Hase, Gemse, Steinbock – liegen fast ausschließlich bei der adeligen Gesellschaft. Zu heimischem Gemüse und Obst haben beide Schichten Zugang. Gärten und Äcker geben Kohl, Möhren, Kürbisse, Zwiebeln, Lauch, Gurken, Fenchel, Erbsen, Linsen und dicke Bohnen her; an Obst wachsen Äpfel, Kirschen, Birnen, Pflaumen, Erdbeeren, Blaubeeren und Stachelbeeren in den heimischen Gefilden. Bei Gemüse und Obst rümpft der Adel allerdings die Nase. Die Adeligen essen kaum davon. Für sie ist Fleisch das Wichtigste auf dem Teller. Bei einer Mahlzeit kommen immer gleich

mehrere Sorten auf den Tisch. Diese einseitige Ernährung hat Folgen: Skorbut und Rachitis. Milch und Milchprodukte sowie Fisch werden von zwar beiden Schichten verzehrt, allerdings entschieden mehr von der bäuerlichen als von der adeligen Gesellschaft.
Auch bei den Getränken gibt es Unterschiede. Die Bauern trinken Wasser, Obstsäfte und ab dem 13. Jahrhundert vor allem Bier. Der Adel bei Hofe bevorzugt Wein und Wasser.

Die Dreifelderwirtschaft bringt Verbesserung

Zu einer Verbesserung kommt es im Hochmittelalter (11. bis 13. Jahrhundert) mit der Einführung der Dreifelderwirtschaft. Bis dahin gibt es nur die Zweifelderwirtschaft: Das zu bearbeitende Ackerland wird dabei in zwei Teile geteilt. Eine Hälfte wird bepflanzt, die andere liegt zur Erholung brach. Die Dreifelderwirtschaft erhöht den Ertrag. Jetzt werden zwei Drittel des Feldes bearbeitet, und nur ein Drittel liegt brach. Frühjahrssaat kommt auf das eine, Herbstsaat auf das andere Drittel. Dadurch kann eine schlechte Ernte aufgefangen werden und die Gefahr von Hungersnöten ist, zumindest teilweise, gebannt.
Der Fortschritt in der Landwirtschaft des Hochmittelalters beschränkt sich nicht nur auf die Einführung der Dreifelderwirtschaft. Es gibt auch technische Neuerungen wie den Räderpflug, der Gebrauch von Windmühlen oder vermehrter Düngereinsatz, der die Bodenerträge steigert. Pferde werden zur Feldarbeit eingesetzt, weil sie leistungsstärker sind als Ochsen. Auf der Basis dieser enormen Weiterentwicklung entstehen langsam Städte. Viele Bürger spezialisieren sich nun auf Handwerksberufe, was schließlich zum Ende der Lehensherrschaft führt und ein schwunghaftes wirtschaftliches Leben begründet.
Dennoch bleibt der Unterschied zwischen Arm und Reich bestehen. Das ändert sich auch nicht mit dem Beginn der industriellen Revolution, die 1750 in England ihren Anfang nimmt. Zwar wird durch die Intensivierung der Landwirtschaft die Versorgung mit Nahrungsmitteln sichergestellt, doch die sozialen Verhältnisse sind katastrophal.

Im 19. Jahrhundert lag die Lebenserwartung der Arbeiter im Durchschnitt noch bei unter 20 Jahren.

In der ersten Hälfte des 19. Jahrhunderts leben mehr als 50 Prozent der Menschen in Deutschland unter dem Existenzminimum. Die Lebenserwartung der Arbeiter liegt knapp unter 20 Jahren. Kinderarbeit, bei der schon Vier- bis Sechsjährige eingespannt werden, ist an der Tagesordnung. Hohe Kindersterblichkeit, Hunger, Krankheiten und früher Tod sind zur damaligen Zeit die ständigen Begleiter der Menschen.

Nach dem Zweiten Weltkrieg kam der Durchbruch

Der wirklich große und grundlegende Durchbruch beginnt erst nach dem Zweiten Weltkrieg. Die Ernährungskrise von 1914 bis 1923 ist vielen noch im Gedächtniss, doch nun, nach 1945, gibt es endlich genügend zu essen. In den ersten Jahren der Nachkriegszeit geht es den Menschen vorrangig darum, satt zu werden. Qualität spielt keine Rolle, die Quantität ist entscheidend. Nach den vielen Jahren des Hungerns ist das verständlich. Außerdem weiß niemand, wie lange diese Zeit des Überflusses anhalten wird.

Die Menschen gewöhnen sich rasch an die überquellenden Regale in den Geschäften. Und in den 60er-Jahren kündigt sich bei uns eine Veränderung im Essverhalten an, bedingt durch die beginnende Reisefreudigkeit der Deutschen. Italien, Griechenland, Spanien, Türkei – die ausländische Küche hinterlässt langsam ihre Spuren auf den deutschen Tellern. Und selbstverständlich bringen auch die Gastarbeiter, die während dieser Zeit nach Deutschland kommen, ganz neue Einsichten und Aussichten in Töpfe und Pfannen. Die Anhänger einer multikulturellen Gesellschaft kanalisieren diese neue, attraktive Gourmetvielfalt in einem bald weithin bekannten Spruch: »Pizza, Gyros, Döner machen Deutschland schöner«.

In den 60er-Jahren beginnt bei uns langsam der lang ersehnte gesellschaftliche Wohlstand.

Eine neue Ära des Überflusses beginnt

Ende der 60er-Jahre hält eine neue Ära Einzug: die Edelfresswelle. Wer auf sich hält und es sich leisten kann, ersetzt den Lachsersatz durch echten Lachs. Kaviar bildet den kulinarischen Mittelpunkt eines jeden Buffets, und in den langstieligen Gläsern perlt nicht mehr Schaumwein sondern Champagner. Exotische Früchte schmücken die Tafel. Eine nie gekannte Vielfalt breitet sich auf den Tischen aus, in den Geschäften gibt es bald alles, was das Herz begehrt.

Und schließlich schwappt aus Amerika auch noch die Fast-Food-Welle herüber. Hamburger und Co., Currywurst, Pommes rot-weiß, Pizza – und alles möglichst ganz schnell zwischendurch gegessen.

Essen auf der Straße gehört bald zum Stadtbild. Dann wird der Bring-Service geboren. Wen abends noch der Hunger plagt, der hat jetzt kein Problem mehr: Einfach den Pizzaservice anrufen und es wird prompt geliefert. Daraus entwickelt sich rasch ein boomendes Geschäft. Heute wird alles ins heimische Wohnzimmer geschickt, vom einfachen Grillwürstchen bis zum chinesischen Menü. Bequemer geht's nicht.

Die Emanzipation und zunehmende Berufstätigkeit der Frauen trägt entscheidend zum veränderten Essverhalten bei.

Parallel findet noch eine ganz andere Entwicklung statt, die sich gewaltig auf unsere Ernährungsgewohnheiten auswirkt. Die beginnende Emanzipation der Frauen und ihr damit verbundener Vormarsch in der Arbeitswelt. Die Zeiten, in denen Frauen bereit und willens waren, sich nur um Kinder und Küche zu kümmern, gehören bald der Vergangenheit an. Welcher Frau kann man es verübeln, dass sie nach einem Acht-Stunden-Arbeitstag keine Lust mehr verspürt, sich an den Herd zu stellen. Berufstätige Ehepaare entwickeln eine neue »Esskultur«. Mittags wird warm in der Kantine gegessen und abends gibt es ein paar belegte Brote. Wer es sich leisten kann, geht hin und wieder essen, oder nimmt eines der bequemen neuen Bring-Service-Angebote in Anspruch.

Inzwischen zeichnen sich peu á peu Veränderungen ab. Manche Berufstätige verlagern das warme Essen auf den Abend. In trauter Zweisamkeit oder in familiärer Runde hat man dann die Möglichkeit, den Tag zu besprechen und gemeinsam über Probleme zu diskutieren. Und so ganz nebenbei bekommt das Essen eine neue Qualität des Genießens. Denn die abendliche Mahlzeit hat den Vorteil, dass einem dabei keinerlei Termindruck im Nacken sitzt.

Nun werden mir mit Sicherheit manche entgegenhalten: »Abends essen macht dick!« Diese Vorstellung ist weit verbreitet. Doch das wurde bereits in mehreren Studien widerlegt. Vor allem kommt es nämlich darauf an, was man isst. Die fette Sahnesauce und das Eisbein sind abends genauso wenig angebracht, wie am Mittag. Dennoch würde diese Wahl der Nahrungsmittel abends garantiert mehr zu Buche schlagen. Ich spreche übrigens aus eigener Erfahrung: Obwohl wir unsere Hauptmahlzeiten auf abends verlegt haben, klettert die Waage dadurch nicht in kritische Bereiche.

Der kulinarische Genuss und die Freude am Essen bleiben in unserer hektischen Zeit häufig auf der Strecke.

Im Übrigen entwickelt sich die Tendenz zum abendlichen Essen noch weitgehend zaghaft. Dagegen wird der Bring-Service beliebter denn je. Eine Zunahme verzeichnet auch der Außer-Haus-Verzehr. Einer Statistik des aid e.V. (Auswertungs- und Informationsdienst für Ernährung, Landwirtschaft und Forsten) zufolge essen heute Männer im Durchschnitt acht Mahlzeiten pro Woche außer Haus, Frauen liegen bei etwa sechs. An der Spitze stehen junge Leute bis 25 Jahre. Sie ziehen rund zwölf Mal pro Woche Imbissbuden, Würstchenstände oder Schnellrestaurants der heimischen Küche vor und packen sich am liebsten Pommes, Kartoffelsalat und die obligatorischen Würstchen auf den Pappteller.

Betrachtet man diese Entwicklung kritisch, kommt man nicht umhin, einen Verlust zu konstatieren. Den Verlust des Genusses, der Freude des Einkaufens, Zubereitens, und schließlich des schwelgerischen Genießens in geselliger Runde. Essen wird reduziert auf die Nahrungsaufnahme, und die muss, entsprechend des immer hektischeren Lebensstils, in möglichst kurzer Zeit bewältigt sein. Wer sich heute Kochzeitschriften anschaut, stößt häufig auf wunderbare, aufwendige Rezepte, die für ausschweifende Mahlzeiten mit zahllosen Freunden ausgerichtet sind. Ob sie wirklich der Realität entsprechen oder eher einem Wunschdenken entspringen, sei dahingestellt. Es wäre aber sicherlich nicht das Schlechteste, würde man das eine oder andere Beispiel solcher sinnenreichen Tafelfreuden versuchen, in die Tat umzusetzen.

- **Bis nach dem Zweiten Weltkrieg war die Ernährung geprägt vom Wunsch, sich satt zu essen. Qualität spielte keine Rolle.**
- **Mitte der 60er-Jahre begann eine neue Ära. Die Regale in den Geschäften füllten sich. Die Menschen fingen an, sich für andere Esskulturen zu interessieren. Erste Auslandsreisen brachten frischen Wind in die heimischen Küchen.**
- **Imbissbuden und Pizza-Service dominieren heute unseren Ernährungsalltag. Das Essen wird auf die reine, möglichst schnelle Nahrungsaufnahme reduziert.**

Das Schlaraffenland hat Schattenseiten

Unser tägliches Leben ist geprägt von Hektik, und dass das auf Dauer nicht ohne negative Auswirkungen bleiben kann, liegt auf der Hand. Einerseits ist die Auswahl unserer Nahrungs- und Genussmittel riesig. In den 50-er Jahren hatte ein Supermarkt ein Warenangebot von rund 1400 Artikeln, heute sind es über 7000, mit wachsender Tendenz. Wir könnten in kulinarischen Genüssen also regelrecht baden. Doch die Muße zum Genuss bleibt auf der Strecke. Es muss alles schnell gehen. »Keine Zeit!« – haben Sie einmal gezählt, wie oft Sie diesen Satz am Tag bemühen? Wetten, schon morgens, wenn es ums Frühstück geht? Sie hetzen aus dem Haus und haben, wenn es hoch kommt, gerade mal eine Tasse Kaffee hinuntergestürzt. Stress, Hektik und Zeitmangel sind zu Schlagwörtern der modernen Gesellschaft geworden.
Kein Wunder, dass Fertiggerichte, Schnellimbiss und Fast Food immer weiter auf dem Vormarsch sind. Mittags zwei Schokoriegel oder ein paar Pommes, abends die fertig gekaufte Roulade schnell in die Mikrowelle geschoben und rasch verzehrt, oft auch noch vor dem Fernseher. Der Mensch spart Zeit – und bringt sich um die Gaumenfreuden. Von der Nahrungsqualität ganz zu schweigen. Denn wer weiß schon wirklich, was er im Verlaufe eines Tages so alles in sich reinstopft? Wie viel Fett, wie viel Salz, wie viel Süßes. Hand aufs Herz: Wann haben Sie zuletzt Obst und Gemüse gegessen?

Unser Körper wehrt sich

Natürlich nimmt unser Körper das nicht ohne weiteres in Kauf. Er wehrt sich. Wir bekommen die Schattenseiten des Schlaraffenlandes deutlich zu spüren: Übergewicht, Diabetes, Arteriosklerose, Herzinfarkt – und Krebs.

Bis zu 130 000 Krebsfälle pro Jahr ließen sich nach Schätzungen der Experten in Deutschland durch gesündere Ernährung verhindern.

Ein Drittel aller Krebserkrankungen, so schätzen Ernährungswissenschaftler und Mediziner heute, ließe sich durch eine gesunde Ernährung vermeiden. »In Deutschland könnten jährlich etwa 100 000 bis 130 000 Neuerkrankungen, das sind 30 bis 40 Prozent aller neu auftretenden Krebsfälle, durch eine Ernährungsumstellung verhindert werden«, so deutlich formuliert es Dr. Dr. Jakob Linseisen, Ernährungwissenschaftler in der Abteilung Klinische Epidemiologie im Deutschen Krebsforschungszentrum in Heidelberg. Manche Wissenschaftler vermuten sogar, dass 40 bis 60 Prozent aller Krebserkrankungen mit falscher Ernährung zusammenhängen und deshalb vermieden werden könnten. Zum gleichen Ergebnis wie das Deutsche Krebsforschungszentrum gelangte ein 120-köpfiges internationales Expertenkommitee. Für das Thema Krebs und Ernährung haben die Wissenschaftler unter Federführung des World Cancer Research Fund (WCRF) die Studiendaten der letzten 20 Jahre ausgewertet. Ihr Fazit: Mit gesunder Kost ließen sich weltweit 30 bis 40 Prozent aller Krebserkrankungen verhindern.

Das Kommitee fand außerdem heraus, dass Gemüse eine besonders protektive Wirkung vor Tumoren der Lunge, des Magen-Darm-Trakts, der Brust und der Prostata hat. Kohlarten schützen in ganz besonderer Weise vor Dickdarmkrebs und Karotten senken deutlich das Risiko eines Lungenkarzinoms. Viel Obst bewahrt die Speiseröhre vor einer Tumorerkrankung. Je mehr verschiedene Gemüsesorten pro Woche verzehrt wurden, desto höher ist die Schutzwirkung. Da mit mehreren Gemüsesorten ein breiteres Spektrum an sekundären Pflanzenstoffen aufgenommen wird, erzielt man einen entsprechend höheren krebsschützenden Effekt als mit nur zwei oder drei Gemüsesorten. Sieben verschiedene Gemüse pro Woche empfehlen darum die Experten.

Acht Krebsarten hängen mit der Ernährung zusammen

Folgende Krebserkrankungen werden heute in Zusammenhang mit falscher Ernährung gebracht: Brustkrebs, Eierstock-Krebs, Gebärmutterkrebs, Darmkrebs, Prostatakrebs, Magenkrebs, Leberkrebs und Bauchspeicheldrüsenkrebs.

Bei Brustkrebs wird beispielsweise eine fettreiche Ernährung für die Entstehung eines Karzinoms verantwortlich gemacht. Wenn der Körper das überschüssige Fett nicht abbauen bzw. verwerten kann, bilden sich Fettpolster, die sich langsam zu Übergewicht manifestieren. Und aufgrund dieses Übergewichts produziert das Fettgewebe im Körper vermehrt Östrogene. Ein Zuviel an Hormonen wirkt jedoch karzinogen. Inzwischen gelten Übergewicht und übermäßige Zufuhr von tierischen Fetten nicht nur für Brustkrebs, sondern auch für Dickdarm-, Gebärmutter-, Eierstock- und Prostatakrebs als Risikofaktor.

Bei der Entstehung von Brustkrebs spielen Fett und Alkohol eine wichtige Rolle.

Gefährlich für den Magen sind insbesondere Nitrosamine. Auf Schimmelpilzgifte (Aflatoxine) reagiert die Leber hochsensibel. Deshalb ist bei angeschimmelten Lebensmitteln höchste Vorsicht geboten. Mehr über diese beiden Stoffe erfahren Sie in den Abschnitten »Vitamine und weitere Radikalfänger« und »Wie viel, wovon, wie oft?«.

Darüber hinaus spielen auch andere Einflüsse – genetische Voraussetzungen, Hormone, Strahlenbelastung, Umweltfaktoren und auch virale oder bakterielle Infektionen – eine Rolle bei der Entstehung einiger Krebsarten. Bei Brustkrebs kann eine genetische Disposition die Erkrankung verursachen. Das Bakterium Helicobacter pylori hat bei Magenkarzinomen oft seine Hand im Spiel. Und beim Prostatakrebs kann sowohl ein Überschuss des Hormons Testosteron zur Krankheit beitragen, als auch eine genetische Veranlagung.

Obwohl Alkohol und Nikotin nicht zu den Nahrungs- sondern Genussmitteln gehören, dürfen sie nicht unerwähnt bleiben. Immerhin gehen 60 bis 90 Prozent aller Lungen- und Bronchialkarzinome auf das Konto des Rauchens. In Kombination mit Alkohol und fettreicher Ernährung erhöht sich das Krebsrisiko noch deutlich. Hier haben wir es also wieder mit der Ernährung zu tun. Fest steht auch, dass Nikotin- und Alkoholkonsum Krebsarten wie Mund-, Rachen- und Speiseröhrenkrebs begünstigen. 30 Prozent aller Nierenkrebs-

auf den punkt gebracht

- **Fast Food und Imbissbuden: Heute weiß kaum jemand mehr so genau, was er im Laufe eines Tages isst.**
- **Die Schattenseiten der Überflussgesellschaft werden deutlich spürbar. Unser Körper setzt dem Leben in Hektik Krankheiten entgegen: Übergewicht, Diabetes, Arteriosklerose, Herzinfarkt – und Krebs.**
- **Rund 130 000 Neuerkrankungen pro Jahr könnten durch eine gesündere Ernährung verhindert werden.**

erkrankungen sind auf Nikotin zurückzuführen, beim Blasenkrebs sind es bis zu 70 Prozent.
Brust- und Magenkrebs treten häufiger bei Menschen auf, die gewohnheitsmäßig zur Flasche greifen, als bei Personen, die selten Alkohol trinken. So haben mehrere Studien gezeigt, dass Frauen, die regelmäßig Alkohol trinken, ein um 41 Prozent höheres Krebsrisiko haben. Ob Alkohol direkt ein Leberkarzinom auslösen kann, ist bisher nicht zweifelsfrei geklärt. Sicher ist aber, dass alkoholische Getränke die Wirkung anderer Krebs erregender Substanzen verstärken.

Die Entstehung einer Krebszelle

Bei der Krebsentstehung handelt es sich im Gegensatz zu anderen Erkrankungen um einen außerordentlich komplizierten Vorgang. Eine Infektionskrankheit lässt sich rasch erklären: Bakterien oder Viren dringen in den Körper ein, vermehren sich, das Immunsystem wird mit der Übermacht nicht mehr fertig, wir werden krank. Der Arzt hat die Möglichkeit, die Erreger gezielt zu bombardieren, mit Antibiotika zum Beispiel, wenn es sich um eine bakterielle Infektion handelt. Anders gestaltet sich die Sache bei einem Karzinom. Hier dringt nichts von außen ein, sondern es entwickelt sich im Inneren unseres Körpers. Die Gefahr kommt aus der körpereigenen Zelle, die sich plötzlich dramatisch verändert. Diesen komplexen Vorgang will ich Ihnen hier erläutern.
Eine Zelle wird zur Krebszelle, wenn sie ihren normalen Kontrollmechanismus verloren hat und unkontrolliert wuchert. Was bedeutet das konkret? Um Ihnen einen Einblick zu verschaffen, was genau im Körper geschieht, lassen Sie uns einen kleinen Abstecher in die Genetik machen.
Die Krebsforscher gehen heute grundsätzlich davon aus, dass in jeder menschlichen Zelle Gene vorhanden sind, durch die eine Krebszelle entstehen könnte. Ob und wann es zu dieser Entwicklung kommt, hängt von vielen Faktoren ab.

Die Entstehung einer Krebszelle hängt von unterschiedlichen Faktoren ab und verläuft in mehreren Phasen.

Die Entstehung einer Krebszelle verläuft in mehreren Stufen. Zwei wesentliche Phasen sind dabei:

1. Die Initiationsphase (Auslöser) – Das ist die erste Stufe in einem Prozess, an dessen Ende die Veränderung und Schädigung unserer

Erbsubstanz DNS steht. DNS ist die Abkürzung für Desoxyribonukleinsäure. Dieses Molekül steuert die Lebensvorgänge im Körper. (In manchen Büchern werden Sie auch der Abkürzung DNA begegnen, die identisch ist mit DNS. Das A steht für das englische Wort Acid, das ebenfalls Säure bedeutet.) Die Veränderung im Erbgut wird durch so genannte Karzinogene verursacht, also durch krebsauslösende Stoffe, und wird Mutation genannt. Die Vorstufe zu den Karzinogenen sind die Prokarzinogene, die jedoch an sich noch keine Gefahr darstellen. Erst in Verbindung mit bestimmten Enzymen (das sind Eiweißverbindungen) verwandeln sie sich in Karzinogene. Es gibt eine ganze Reihe von Karzinogenen, die die Erbsubstanz angreifen können: Strahlen, Freie Radikale (Sauerstoffmoleküle), Benzpyrene, wie sie beim Räuchern oder Grillen entstehen (beim Grillen wird herabtropfendes Fett durch die Glut zersetzt und die so entstehenden Schadstoffe, die Benzpyrene, gelangen über den Rauch auf das Grillgut), Nitrosamine, Aflatoxine (Gifte von Schimmelpilzen) sowie einige Viren- und Bakterienarten.

Krebs entsteht nicht von heute auf morgen. Bis es zu einer Tumorbildung kommt, können rund 20 Jahre vergehen.

Doch selbst eine Erbgutveränderung löst noch keinen Tumor aus.

Denn der Körper hat Mittel und Wege, sich von derartigen Karzinogenen zu befreien. Dafür gibt es »Zellmechaniker«, die die DNS-Schäden reparieren. Kritisch wird es erst, wenn der Schaden bis zur nächsten Zellteilung nicht behoben ist. Dann existiert eine beschädigte Zelle, die diese defekte Erbinformation weitergibt. Aber auch diese Tatsache muss noch nicht zu einer Tumorentwicklung führen, denn defekte Zellen werden normalweise im Zuge der ständig stattfindenden Zellerneuerung abgestoßen. Erst in der nächsten Stufe, der Promotion, kommt etwas hinzu, was die Tumorentwicklung begünstigt.

2. Die Promotion – Unter diesem Begriff versteht man die Tumorentstehung durch fördernde Stoffe. Die initiierten Zellen, also die Zellen mit veränderter Erbsubstanz aus Stufe eins, werden durch Promotoren, das sind tumorfördernde Stoffe, beeinflusst. Sie bewirken ein vermehrtes Wachstum der geschädigten Zellen, was dann letzten Endes zu einer Tumorbildung führt. Dieser Prozess – hier in wenigen Sätzen dargestellt – dauert mehrere Jahre. Die Zeit zwischen Initiation und Tumorbildung kann zwischen 10 und 20 Jahren betragen. Unter der Voraussetzung allerdings, dass die krebs-

fördernden Promotoren ständig präsent sind. Zu den bekanntesten Krebs-Promotoren gehören gesättigte Fettsäuren, Alkohol sowie eine überhöhte Energiezufuhr, die sich als ungeliebte Fettpolster bemerkbar macht.
Auch wenn die Situation auf der Zellebene in unserem Körper bereits ein kritisches Stadium erreicht hat, haben wir dennoch alle Chancen, dem Krebs noch zu entkommen. Denn den Promotoren steht eine Verteidigungslinie aus Antipromotoren gegenüber, aus der wir Nutzen ziehen können. Und wie die Vorsilbe »anti« besagt, sind diese Promotoren die Gegenspieler der Karzinogene. Zu den Antipromotoren gehören sekundäre Pflanzenstoffe, Vitamine, Mineralien, Ballaststoffe und Milchsäurebakterien. Diese sekundären Pflanzenstoffe sind in der Lage, zu verschiedenen Zeitpunkten in das Krebsgeschehen einzugreifen. Wenn wir also ein Gleichgewicht schaffen können zwischen Promotoren und Antipromotoren oder gar ein Übergewicht von Antipromotoren, hat der Krebs kaum eine Chance.

- Aus einer gesunden Zelle entwickelt sich Krebs, wenn der normale Kontrollmechanismus verlorengeht und Zellen unkontrolliert zu wuchern beginnen.

- Die Initiation ist die erste Stufe in der Entwicklung eines Tumors, an deren Ende die DNS-Schädigung steht.

- Bei der Promotion spielen krebsfördernde Stoffe eine Rolle. Sie können das Wachstum DNS-geschädigter Zellen forcieren, allerdings können sie von Antipromotoren wie Vitaminen und sekundären Pflanzenstoffen in Schach gehalten werden.

Die wirksamsten Antikarzinogene im Einzelnen

Wir haben es in der Hand, durch unsere Nahrung, die voll ist von Antipromotoren, dem Krebs Paroli zu bieten. Jetzt kommt uns das Schlaraffenland zugute, in dem wir aus dem Vollen schöpfen können. Wir müssen nur die richtige Auswahl treffen. Und damit kommen wir zu dem Kapitel, das Sie sicherlich mit Spannung erwarten und das Ihnen aufzeigt, mit welcher Ernährung Sie der Krankheit Krebs entgegentreten können.

Sekundäre Pflanzenstoffe auf Platz eins im Kampf gegen Krebs

Die Hauptdarsteller im antikarzinogenen Ernährungsschauspiel sind die sekundären Pflanzenstoffe. Sie bilden die Hauptgruppe der so genannten bioaktiven Substanzen, zu denen noch Vitamine, Mineralien, Ballaststoffe und Milchsäurebakterien zählen. Auch wenn es etwas irreführend klingt, so sind die sekundären Pflanzenstoffe keineswegs zweite Besetzung. Sie heißen so, weil sie im Gegensatz zu den primären Pflanzenstoffen nicht dem Wachstum der Pflanze dienen, sondern als Farb-, Duft-, Gift- und Geschmacksstoffe gebildet werden, mit denen sie, je nach Bedarf, Feinde in die Flucht schlagen (oder töten) oder wichtige Insekten anlocken, damit diese wiederum die Samen und Pollen für die Fortpflanzung verbreiten. Andere sekundäre Pflanzenstoffe übernehmen die Aufgabe, Krankheiten abzuwehren und die Pflanze vor gefräßigen Schädlingen oder UV-Strahlen zu schützen. So kann man die primären Pflanzenstoffe als Wachstumsstoffe, die sekundären als Verteidigungs- und Fortpflanzungsstoffe bezeichnen.

Primäre Pflanzenstoffe dienen dem Wachstum, sekundäre Pflanzenstoffe der Fortpflanzung und der Verteidigung der Pflanzen.

Lange Zeit wurden die sekundären Pflanzenstoffe – manche geben ihnen den Kurznamen SPS, andere bezeichnen sie als Heil- und Hemmstoffe oder als bioaktive Substanzen – von den Naturwissenschaftlern links liegen gelassen. Viele befürchteten gar eine gewisse Giftigkeit für den Menschen. Man ging davon aus, dass derartige Substanzen, die zum Abschrecken oder Töten dienen, dem Menschen keinesfalls von Nutzen sein können, ja dass sie mit Sicherheit schädlich sind für den menschlichen Organismus.

Das änderte sich Anfang der 90er-Jahre, als amerikanische Wissenschaftler die ersten Ernährungsuntersuchungen veröffentlichten, die zeigten, dass Menschen, die mehr Obst und Gemüse aßen, weniger krebsanfällig waren. Man fand heraus, dass die sekundären Pflanzenstoffe unseren Organismus zu einer verstärkten Enzymproduktion anregen. Enzyme sind wichtige Substanzen im Stoffwechsel. Sie dienen einer optimalen Nahrungsaufnahme im Körper, und sorgen unter anderem dafür, dass das, was dem Körper nicht dient, rasch wieder ausgeschieden werden kann. Auf diese Weise werden auch Karzinogene auf raschen Wege dem Organismus entzogen.

Erst Anfang der 90er Jahre begannen sich die Wissenschaftler ernsthaft für die Sekundären Pflanzenstoffe zu interessieren.

Heute sind rund 30 000 sekundäre Pflanzenstoffe bekannt, und täglich kommen mehr hinzu. Mit etwa 10 000 dieser einzigartigen antikarzinogenen Substanzen hat sich die Wissenschaft bisher intensiver beschäftigt.

Neun Kämpfer an vorderster Krebsfront

Die wirksamsten Akteure im Kampf gegen Krebs lassen sich in neun Gruppen einteilen, die Sie gleich im Einzelnen kennenlernen: Carotinoide, Polyphenole (dazu zählen Flavonoide und Phenolsäuren), Glucosinolate, Terpene, Phytoöstrogene, Phytosterine, Protease-Inhibitoren, Saponine und Sulfide.

Die Gruppe 1: Carotinoide

Beginnen wir mit den Carotinoiden, die Ihnen sicherlich sehr vertraut sind und bei denen Sie vermutlich an die Karotte denken, deren orange-gelbe Farbe auch bei der Namensgebung entscheidend war. Die bekanntesten Vertreter der Carotinoide sind Beta-Carotin, Lycopin – dieser Wirkstoff wurde erst vor relativ kurzer Zeit entdeckt und verleiht der Tomate ihr samtiges Rot – und das Lutein in grünem Gemüse.

Überhaupt spielen die Farben bei dieser Gruppe eine große Rolle. Sie bestechen bei den Obst- und Gemüsesorten durch ihre intensive rote, gelbe und orangene Färbung. Aber auch grünes Gemüse wie Spinat und Kohlsorten enthalten Carotinoide. Die strahlenden

Farben werden in dem Fall allerdings durch das Blattgrün überdeckt. Es gibt zwei wesentliche Arten von Carotinoiden: sauerstoffhaltige und sauerstoffreie. Das ist wichtig für die Zubereitung. Die sauerstoffhaltigen sind hitzeempfindlich, deshalb sollte das Gemüse nur kurz gedünstet oder gegart werden, um die wertvollen Inhaltsstoffe nicht zu zerstören. Sauerstoffhaltig sind vor allem die grünblättrigen Gemüse wie Mangold, Grünkohl, Spinat, Brokkoli, Rosenkohl. Weniger empfindlich sind die sauerstofffreien Carosetinoide, die sich hauptsächlich in den roten und gelben Gemüsen befinden. So sind Möhrenbrei, Tomatenmark oder Kürbissuppe trotz längerer Verarbeitungszeit immer noch reich an sekundären Pflanzenstoffen.
Die Carotinoide sind die am besten untersuchte Gruppe innerhalb der sekundären Pflanzenstoffe und man kennt rund 600 verschiedene Substanzen. Enthalten sind sie in Avocados, Aprikosen, Honigmelonen, Wassermelonen, Kiwis, Orangen, Brokkoli, Karotten, Tomaten, Kürbisse, Grünkohl, Staudensellerie, Rosenkohl, WIrsing, Mais, Mangold, Spinat, Paprikas, Süßkartoffeln, Papayas, rosa Grapefruits, Pfirsichen, Nektarinen, Kopf- und Feldsalat, Fenchel, Lauch, Chicorée. Nicht zu vergessen in Kräutern und Gewürzen: Basilikum, Dill, Kresse, Majoran, Oregano, Petersilie, Zitronenmelisse, Paprika.
Ihre Schutzwirkung entfalten die Carotinoide vor allem bei Lungenkrebs und Prostatakarzinomen. Insbesondere Raucher müssen verstärkt Obst und Gemüse mit Carotinoiden zu sich nehmen, da Teer und Rauch Carotinoid-Räuber sind. Man könnte sich natürlich in diesem Zusammenhang überlegen, das Rauchen aufzugeben. Neuere Untersuchungen deuten auch auf eine protektive Wirkung bei anderen Krebsarten hin, so bei Brustkrebs, Dickdarm-, Magen-, Speiseröhren- und Gebärmutterhalskrebs.
Einfluss nehmen die Carotinoide hauptsächlich in der zweiten Stufe der Tumorentwicklung, der Promotionsphase, mit der Sie im Abschnitt »Die Entstehung einer Krebszelle« Bekanntschaft gemacht haben. Die Carotinoide sind also genau jene Antipromotoren, die als Gegenspieler den krebsauslösenden Promotoren das Leben schwer machen. Einige Carotinoide sind auch als Radikalfänger bekannt, wie Beta-Carotin, Lycopin und Lutein, über die Sie im Abschnitt »Vitamine und weitere Antioxidantien« noch mehr lesen werden.

Was hindert Sie also daran, Ihren Teller vollzupacken mit leckeren Antipromotoren? Und bei der riesigen Auswahl ist mit Sicherheit auch für Ihren Geschmack etwas dabei. Zumal wir ja erst am Anfang sind.

Falls Sie übrigens so ganz heimlich im Hinterkopf mit dem Gedanken spielen, dass man eigentlich nur abwarten müsste, bis clevere Pharmaunternehmen Pillen mit entsprechenden Inhaltsstoffen auf den Markt bringen, muss ich Sie enttäuschen. Die antikarzinogene Wirkung eines Gemüses oder einer Frucht besteht nicht aus einer isolierten Substanz, die man nach Belieben entnehmen und in eine Tablette stopfen kann. Eine Wirkung wird nur durch das komplizierte Wechselspiel mehrerer Stoffe erzielt. Ein Übermaß an Einzelstoffen kann sogar ins Gegenteil umschlagen und die Krebsbereitschaft erhöhen.

Das zeigt die zu Berühmtheit gelangte Finnland-Studie, die unter Gesundheitsexperten zu heftigen Diskussionen geführt hat. 1984 wurde vom Nationalen Krebsinstitut der USA und dem Institut für öffentliches Gesundheitswesen in Finnland eine Studie mit 29 000 Rauchern durchgeführt. Die Studienteilnehmer bekamen über mehrere Jahre hinweg in Tablettenform täglich 20 mg Beta-Carotin oder ein Placebo (Scheinmedikament). Etwa acht Jahre nach Beginn der Studie kristallisierte sich heraus, dass die Zahl der Lungenkrebsfälle in der Beta-Carotin-Gruppe nicht etwa zurückgegangen war, sondern im Gegenteil höher ausfiel als in der Placebo-Gruppe. Die Studie wurde abgebrochen.

tipp

Sekundäre Pflanzenstoffe wirken nur dann optimal, wenn wir sie möglichst unverfälscht zu uns nehmen. Einzelne Substanzen zu isolieren und in eine Tablette zu packen, ist deshalb sinnlos und kann manchmal sogar gefährlich sein.

Die Finnland-Studie ist nur eines von vielen Beispielen, die zeigen, dass es keinen Sinn hat, ja sogar gefährlich sein kann, einzelne Stoffe zu isolieren.

Auch wenn der Gedanke für manchen verlockend erscheint, sind bei der Ernährung die Originale den »Fälschungen« grundsätzlich vorzuziehen.

Kommen wir zur Gruppe der Polyphenole, zu denen die Flavonoide und Phenolsäuren gehören. Die Flavonoide sind es, die Obst und Gemüsen satte Farben verleihen: Das dunkle Lila der Auberginen, das verlockende Rot der Kirschen, das fröhliche Grün der Erbsen und Bohnen, das leuchtende Gelb des Currygewürzes oder das scharfe Rot der Chilischote. Die Phenolsäuren sind weniger spektakulär, weil sich ihr Vorkommen auf die weniger farbintensiven Nahrungsmittel beschränkt wie Zwiebeln, Weizen oder Walnüsse. Nicht weniger intensiv sind sie allerdings hinsichtlich ihrer Wirksamkeit. Phenolsäuren konzentrieren sich vor allem in den Randschichten von Obst, Gemüse und Vollkorngetreide.

Polyphenole greifen schon sehr früh ins Krebsgeschehen ein und können sogar das Wachstum entarteter Zellen stoppen.

Die Polyphenole sind weit verbreitet, was das Spektrum an gesunden Lebensmitteln enorm erweitert. In verschiedenen Laborversuchen hat sich gezeigt, dass Flavonoide und Phenolsäuren in der Lage sind, das Wachstum von Krebszellen zu stoppen und zwar bereits zu einem sehr frühen Zeitpunkt.

Sie finden die Heilstoffe dieser Gruppe in Äpfeln, Aprikosen, Orangen, sämtlichen Beerensorten (Brombeeren, Himbeeren, Erdbeeren, Johannisbeeren, Heidelbeeren, Preiselbeeren) Grapefruits, Quitten, Honigmelonen, Birnen, Kirschen, Pflaumen, Weintrauben; Salaten wie Eichblatt, Endivie, Lollo rosso, Feldsalat, Rauke und Kopfsalat, außerdem in Paprikas, Gurken, Kürbissen, Tomaten, Kartoffeln, Auberginen, Basilikum, Dill, Kresse, Liebstöckel, Lorbeer, Majoran, Oregano, Petersilie, Rosmarin, Schnittlauch, Thymian, Zitronenemelisse, Frühlingszwiebeln, Curcuma (Gelbwurz), Ingwer, Kümmel, Meerrettich, Muskatnuss, Pfeffer, Zimt, Zwiebeln, Knoblauch, Lauch, Chicorée, Mangold, Spinat, Karotten, Radieschen, Rettichen, Schwarzwurzeln, grünen Bohnen, Kidneybohnen, Erbsen, Linsen, Sojabohnen, Grünkohl, Zucchini, Rosenkohl, Rotkohl, Weißkohl, Blumenkohl, Wirsing, Kohlrabi, Brokkoli, Spargel, Knollensellerie, roter Bete, Fenchel, Walnüssen, Pecanüssen, Erdnüssen, Gerste, Mais, Reis, Roggen, Weizen, Leinsamen, Sesam, in grünem und schwarzem Tee und schließlich im Rotwein und rotem Traubensaft. Lange Zeit glaubten die Wissenschaftler übrigens, dass die Konzentration in grünem Tee höher sei als in schwarzem. Inzwischen weiß man, dass es keinen nennens-

werten Unterschiede im Polyphenolgehalt zwischen den beiden Teesorten gibt. Als Hauptwirkstoff gilt das Epigallocatechingallat, kurz EGCG.
Ihre antikarzinogene Wirkung entfalten die Flavonoide und Phenolsäuren bei Speiseröhren-, Magen- und Dickdarmkrebs, sowie Lungen- und Hautkrebs.
Sind Sie nun immer noch der Meinung, gesundes Essen sei langweilig? Oder vermissen Sie noch die richtige Würze in der ganzen Sache? Dann überzeugt Sie vielleicht die dritte Gruppe der sekundären Pflanzenstoffe.

Die Phenolsäuren und Flavonoide kommen in einer riesigen Auswahl an Nahrungsmitteln vor.

Die Gruppe 3: Glucosinolate

Glucosinolate sind Geschmacksstoffe und haben vor allem eines gemeinsam: Sie sind scharf und dafür sorgen die so genannten Senföl-Glucosinolate.
Wer einen Teelöffel Senf oder Meerrettich pur isst, weiß, von welcher Schärfe die Rede ist. Sie kann einem durchaus die Tränen in die Augen treiben. Wer diese Form der Würze scheut, muss auf die Gesundmacher aber keineswegs verzichten. Sie sind auch in sämtlichen Kohlarten enthalten und außerordentlich wirksam im Kampf gegen Krebs. Das wurde nicht nur in Tierversuchen, sondern auch in umfangreichen Studien mit Menschen nachgewiesen. Je mehr Kohlgemüse verzehrt wird, desto niedriger ist das Risiko, an Darmkrebs zu erkranken. Auch bei der Entwicklung von Lungen-, Leber-, Brust- und Magenkrebs agieren die Glucosinolate als effiziente Krebshemmer.
Die scharfen Antipromotoren stecken in Senf, Meerrettich, Kresse, Rettich, Radieschen, Blumenkohl, Weißkohl, Wirsing, Chinakohl, Rotkohl, Grünkohl, Rosenkohl, Sauerkraut, Brokkoli, Kohlrabi, Rauke.

Die Gruppe 4: Terpene

Nach den scharfen Sachen kommen wir zu aromatischen, verführerischen Wohlgerüchen. Der würzige Duft von Lavendelfeldern, die Frische von Zitronen und der Appetit anregende Geruch von Basilikum – all das haben wir den Terpenen zu verdanken, diesen ebenso wohltuenden wie kämpferischen Duftstoffen. Noch handelt es sich bei den Terpenen um eine kleine Gruppe, denn im Gegensatz zu den anderen sekundären Pflanzenstoffen sind erst zwei der vielen Terpene in Bezug auf ihre antikarzinogene Wirkung genauer untersucht worden: D-Limonen und D-Carvon. Beide zeigten im Tierversuch eine hemmende Wirkung bei Magen-, Brust- und Lungenkrebs. Die beiden Terpene findet man in Zitronen, Orangen, Grapefruits, Koriander, Kardamom, Kümmel, Fenchel, Knollen- und Staudensellerie, Zitronenmelisse, Anis, Ingwer, Muskatnuss, Pfeffer, Zimt, Basilikum, Dill, Liebstöckel, Lorbeer, Thymian, Majoran, Oregano und Petersilie.

Die Gruppe 5: Phytoöstrogene

Die Phytoöstrogene, also pflanzliche Hormone, spielen schon seit Jahren eine wichtige Rolle. So werden sie zum Beispiel bei Frauen im Klimakterium eingesetzt, um Wechseljahrsbeschwerden zu lindern. Bekannt sind die beiden Gruppen der Isoflavonoide und der Lignane. Die Isoflavonoide kommen fast nur in Hülsenfrüchten vor, und zwar in besonders hoher Konzentration in der Sojabohne. Und das lenkt unseren Blick wieder einmal nach Japan. Dort, so fanden die Wissenschaftler nämlich heraus, erkranken die Frauen fünfmal weniger an Brustkrebs als in Europa. Eine besonders günstige genetische Veranlagung? Nein. Eine weitere Untersuchung förderte noch mehr Erstaunliches zutage. Bei japanischen Frauen, die nach Amerika ausgewandert waren, stieg mit der Dauer des Aufenthalts in der neuen Heimat das Brustkrebsrisiko. Mit dem neuen Lebensumfeld hatten die Frauen auch neue Essgewohnheiten angenommen und alte abgelegt – nämlich den Sojaverzehr. Nun wurden die Phytoöstrogene noch schärfer unter die Lupe genommen.

Phytoöstrogene machen körpereigenen Hormonen den Platz streitig und können so die Entwicklung hormonbedingter Krebsarten verhindern.

In der Natur greifen die Pflanzenhormone in den Stoffwechsel ihrer Feinde ein und setzen damit die Fruchtbarkeit des Gegners herab. Der Feindeskreis reduziert sich.

Im menschlichen Organismus geschieht etwas Ähnliches. Die Phytoöstrogene machen, wenn sie einmal im Körper sind, eine zweimalige Veränderung durch. Die neu entstandenen Verbindungen können sich an jenen Stellen im hormonabhängigen Gewebe festsetzen, die eigentlich für die körpereigenen Hormone gedacht sind.

Die Phytoöstrogene verursachen also eine Blockade, verwehren den Körperhormonen ihren Platz. Und das hat zur Folge, dass die Wirkung der körpereigenen Hormone, die dort nicht mehr Halt machen können, wo sie eigentlich wollen, abgeschwächt wird. Auf diese Weise können hormonbedingte Krebsarten wie Brustkrebs oder Gebärmutterschleimhautkrebs verhindert werden. In späteren Untersuchungen wurde außerdem festgestellt, dass die Phytoöstrogene sogar eine direkte toxische Wirkung auf Krebszellen haben, also in der Lage sind, karzinogene Zellen zu vergiften.

Doch nicht nur Frauen profitieren von der Wirkung der Hormone. Eine andere japanische Untersuchung zeigte, dass die Männer im Land der aufgehenden Sonne nicht so häufig an Prostatakrebs erkranken wie Männer in Ländern, in denen keine Sojaprodukte gegessen werden.

Und mehr noch. Phytoöstrogene scheinen nicht nur auf hormonell bedingte Krebsarten einen positiven Einfluss zu haben, sondern auch auf Darmkrebs. In Laborversuchen zeichnet sich ab, dass die Pflanzenhormone die Umwandlung von primärer Gallensäure in die Krebs erregende sekundäre Gallensäure verhindern können.

Zur Gruppe der Isoflavonoide gehört auch das Genistein, das in jüngster Zeit in den Mittelpunkt des Forscherinteresses gerückt ist. Dieses Hormon hat sich als wirksames Antioxidans entpuppt. Die Substanz ist sogar in der Lage, einen bereits bestehenden Tumor zu zerstören, indem sie die Bildung neuer Blutgefäße unterbindet, die der Tumor zu seiner Versorgung benötigt. Er wird damit regelrecht ausgehungert. Wie Untersuchungen ergaben, können dadurch auch nichthormonbedingte Karzinome, wie etwa der Dickdarmkrebs, zum Stillstand gebracht werden. Aufgrund dieser beeindruckenden Mehrfachwirkung wird versucht, aus dem Genistein ein Medikament zu entwickeln.

Sie sehen, die Phytoöstrogene stellen eine sehr interessante Gruppe dar, die noch nicht bis ins Detail erforscht ist und sicherlich noch für so manche Überraschung gut sein wird.

Die Pflanzenhormone sind noch nicht vollends erforscht. Was man aber bis heute über ihre antikarzinogene Funktion weiß, ist beeindruckend.

Enthalten sind die wirkungsvollen Hormone, wie schon erwähnt, vor allem in der Sojabohne und deren Produkten wie Sojamilch, Tofu (Sojabohnenquark), der sich inzwischen auch hierzulande steigender Beliebtheit erfreut, Miso (gegorene Sojabohnenpaste) und natürlich in der Sojasauce, dem »Salz« der japanischen Küche. Wenn Sie keine Sojaprodukte mögen, was schade wäre, denn sie schmecken sehr lecker und sind vielseitig einsetzbar, können Sie sich aber an andere Hormonlieferanten halten: Gerste, Roggen, Weizen, Leinsamen, Sesam, Knoblauch, Linsen, Bohnen, Sonnenblumenkerne, Kichererbsen, Möhren, Spargel, Brokkoli, Erbsen, Lauch, Pfirsiche, Kürbisse und an das aromatische Gewürz Anis.

Die Gruppe 6: Phytosterine

Ihre Karriere begannen die Phytosterine bei der Bekämpfung des Cholesterins. Sie senken hohe Blutfettwerte und damit das Risikon von Herz-Kreislauf-Erkrankungen. Nun haben sich diese Pflanzenstoffe auch als Krebsgegner einen Namen gemacht. In groß angelegten Studien zeigte sich ein deutlicher Zusammenhang zwischen einer hohen Aufnahme von Phytosterinen und einem geringeren Darmkrebsrisiko. Sie verhindern, dass sich karzinogene Stoffwechselprodukte zu lange und in zu hoher Konzentration im Magen-Darm-Trakt aufhalten.
Enthalten sind die Antipromotoren in Auberginen, Sojabohnen, Brokkoli, Gurken, Weißkohl, Rosenkohl, Blumenkohl, Zwiebeln, Karotten, Lauch, Kopfsalat, Hafer, Tomaten. Besonders reich an Phytosterinen sind Sesam- und Sonnenblumenkerne sowie Erdnüsse.

Die Gruppe 7: Protease-Inhibitoren

Man nennt sie auch Enzyminhibitoren. Ein komplizierter Name für eine Gruppe von sekundären Pflanzenstoffen, die noch bis vor gar nicht allzu langer Zeit als nutzlos für den menschlichen Organismus eingestuft wurden. Enzyme sind Substanzen, die den Verdauungsvorgang unterstützen. Bei den Inhibitoren handelt es sich um Verhinderer, um Blockierer. Enzyminhibitoren stören die eigentliche Arbeit der Enzyme auf nachhaltige Weise. Das hat zur Folge, dass beispielsweise Kohlenhydrate, Eiweiße, Fette oder Zucker aus unserer Nahrung nicht richtig verwertet werden können. Der Körper scheidet sie aus, ohne dass er einen Nutzen davon hat. Doch gerade dieser mangelnde Nutzen ist es, der die Enzyminhibitoren zu einem wirkungsvollen Antikarzinogen machen.

Wissenschaftler haben herausgefunden, dass Vegetarier, die sich hauptsächlich von Getreide und Hülsenfrüchten ernähren, ein deutlich niedrigeres Dickdarm-, Brustkrebs- und Prostatakrebs-Risiko haben. Und weitere Untersuchungen haben gezeigt, dass jene Enzyme, die die Eiweißverdauung blockieren, nämlich die Protease-Inhibitoren (daher der Name) eine antikarzinogene Wirkung entfalten. Wie kommt das? Dadurch, dass sie das Eiweiß so schlecht abbauen, entziehen sie den Tumorzellen die Nahrung. Die benötigen nämlich für ihr Wachstum viele Aminosäu-ren, die wiederum aus dem Abbau von Eiweiß entstehen. In Tierversuchen mit Mäusen wurde nachgewiesen, dass das Fehlen der Aminosäuren das Wachstum von Leber- und Brustkrebs hemmt.

Vegetarier haben ein deutlich niedrigeres Risiko, an Darm-, Brust- und Prostatakrebs zu erkranken.

Noch sind nicht alle Enzymblocker genau untersucht und analysiert. Am besten bekannt ist inzwischen der Enzymblocker der Sojabohne. Zahlreiche Studien deuten darauf hin, dass er die Entstehung von Dickdarm-, Mundhöhlen-, Lungen-, Leber- und Speiseröhrenkrebs sowie Brust- und Prostatakrebs verhindern kann.
Enthalten sind die Enzymblocker wieder einmal reichlich in Sojaprodukten. Aber auch in allen Hülsenfrüchten wie Bohnen, Kidneybohnen, Erbsen, Zuckererbsen und Linsen sowie in Kartoffeln (auch Süßkartoffeln), Erdnüssen, Reis, Weizen, Gerste, Roggen, Hafer und Mais findet man sie.

Die Gruppe 8: Saponine

Sie galten, genau wie ihre »Kollegen«, die Enzymblocker, lange Zeit als nutzlos. Aber auch hier irrten die Wissenschaftler. Saponine binden primäre Gallensäuren und Cholesterin. Dadurch wird die Entstehung von sekundären Gallensäuren, die das Darmkrebsrisiko erhöhen, erheblich reduziert. So wird aus den ehemals unbeachteten Saponinen ein starker Gegner im Kampf speziell gegen Dickdarmkrebs.
Besonders verbreitet sind Saponine in der Sojabohne. Andere Hülsenfrüchte wie Kichererbsen, Bohnen, Kidneybohnen und Linsen verfügen ebenfalls über die wertvollen Inhaltsstoffe. Spinat, Spargel, rote Bete, Knoblauch, Rosmarin, Thymian, Gerste, Reis, Roggen, Weizen und Hafer haben diese Antikrebshelfer ebenfalls im Angebot.

Die Gruppe 9: Sulfide

Kommen wir nun zu unserer letzten Gruppe, den Sulfiden. Hier wird es bestimmt die erklärten Gegner einerseits und die überzeugten Fans andererseits geben. Denn Knoblauch ist der Hauptvertreter dieser Gattung und die geruchsintensive Knolle ist nicht jedermanns Sache. Der schwefelhaltige Inhaltsstoff Allicin ist es, der den für manche Nasen unerträglichen Gestank verursacht. Aber was ist schon ein bisschen »Stinkerei« gegen das, was man bekommt!

> **tipp**
>
> **Knoblauch ist ein Tausendsassa unter den Antikarzinogenen. Seine Inhaltsstoffe, die Sulfide, bekämpfen die krebserregenden Stoffe massiv und erfolgreich von mehreren Seiten und wirken auch antioxidativ. Essen Sie reichlich davon, am besten täglich!**

Denn die antikarzinogene Wirkung des Knoblauchs und anderer Liliengewächse wie Zwiebeln, Schnittlauch, Schalotten und Lauch ist wirklich fantastisch. So liegen in Regionen mit traditionell hohem Knoblauchverzehr, wie etwa den Mittelmeerländern, die Raten für manche Krebserkrankungen deutlich niedriger. Der positive Effekt tritt insbesondere bei Tumoren im Magen-Darm-Trakt auf. Vor allem die Zwiebel hat sich im Kampf gegen Magenkrebs hervorgetan. Eine holländische Studie mit über 120 000 Teilnehmern hat gezeigt, dass ein hoher Zwiebelkonsum das Magenkrebsrisiko um 50 Prozent senkt. Hoher Konsum heißt in diesem Fall eine halbe Zwiebel täglich. Und das ist wahrlich nicht zuviel, um nicht auch in die Tat umgesetzt werden zu können. Zu einem ähnlich beeindruckenden Ergebnis kamen amerikanische Forscher. In einem Zwiebelanbaugebiet in Georgia (USA), wo die Bewohner natürlich schon aufgrund der Gegebenheiten ziemlich viel Zwiebeln essen, ist die Magenkrebsrate nur halb so hoch wie in der übrigen Bevölkerung.

Aber auch auf Brustkrebs haben die Sulfide eine hemmende Wirkung, wie aus zahlreichen Untersuchungen hervorgeht. Die Sulfide sind vielseitig und bekämpfen die Karzinogene gleich von mehreren Seiten. Zum einen kurbeln sie Enzyme in der Leber an, was dazu führt, dass Krebs erregende Substanzen ganz schnell ausgeschieden werden, sodass sie mit ihrer zerstörerischen Arbeit gar nicht

Die Top-Antikarzinogene

© Grafik: Lucke

erst beginnen können. Zum zweiten aktivieren sie die so genannten Killer- und Fresszellen in unserem Immunsystem. Damit kann die Abwehr gestärkt gegen die karzinogenen Stoffe vorgehen. Und zum dritten können sie verhindern, dass sich Karzinogene wie die Freien Radikale an der Erbsubstanz vergreifen, und unterbinden somit ein unkontrolliertes Wachstum. Sie betätigen sich also auch als Antioxidans. Über die gefährlichen Radikale lesen Sie noch mehr im Abschnitt »Vitamine und weitere Radikalfänger«.

Die Sulfide und ihr wichtigster Vertreter, das Allicin, stecken vor allem im Knoblauch. Nicht ganz so hoch konzentriert sind sie in Zwiebeln, Schalotten, Frühlingszwiebeln, Lauchgemüse, Schnittlauch und Spargel zu finden.

Falls Sie bereits zu den Knoblauchfans gehören, fällt es Ihnen bestimmt nicht schwer, die Knolle täglich zu genießen. Vielleicht konnte ich aber auch den einen oder anderen Knofel-Muffel überzeugen, zumindest hin und wieder von diesem antikarzinogenen Tausendsassa zu essen.

Sie haben jetzt die neun Gruppen der sekundären Pflanzenstoffe kennen gelernt. Alle haben unterschiedliche Wirkungsmöglichkeiten in den verschiedenen Phasen der Krebsentwicklung. So verhindern Phenolsäuren und Flavonoide, dass aus einem Prokarzinogen ein Karzinogen wird. Die Initiation, die zur DNS-Schädigung führt, verhindern Phenolsäuren, Sulfide, Flavonoide, Protease-Inhibitoren und Glucosinolate. In der nächsten Stufe, der Promotion, in der bereits Zellschäden existieren, steht dann eine beeindruckende Riege von sekundären Pflanzenstoffen bereit, um die Tumorentstehung abzublocken: Carotinoide, Flavonoide, Terpene, Phytosterine, Protease-Inhibitoren, Phytoöstrogene, Glucosinolate und Sulfide.

Einige Gruppen der sekundären Pflanzenstoffe haben eine Doppelwirkung und jagen auch Freie Radikale.

Fünf Gruppen der sekundären Pflanzenstoffe sind noch besonders hervorzuheben. Sie spielen nämlich nicht nur eine wichtige Rolle als Antikarzinogene, sondern auch als Antioxidantien, als Radikalfänger. Mit dieser Doppelfunktion ausgerüstet sind die Carotinoide, Polyphenole (mit ihren Phenolsäuren und Flavonoiden), Phytoöstrogene, Protease-Inhibitoren und Sulfide.
Auch einige Vitamine nehmen als Antioxidantien bei der Krebsprävention eine Schlüsselposition ein: Das Provitamin A, besser bekannt als Beta-Carotin, sowie die Vitamine C und E. Um sie und die Rolle der Freien Radikale geht es im folgenden Abschnitt.

auf den punkt gebracht

- **Sekundäre Pflanzenstoffe werden zum Lieblingskind der Wissenschaftler und Ernährungsexperten.**
- **Immer mehr Studien zeigen, wie wirksam diese Substanzen im Kampf gegen den Krebs sind.**
- **Etwa 30 000 Sekundäre Pflanzenstoffe sind inzwischen bekannt, fast täglich werden neue entdeckt. 10 000 davon sind bislang näher untersucht worden.**

Vitamine und weitere Radikalfänger

In unserem Körper tummeln sich stabile und instabile Sauerstoffmoleküle. Die instabilen werden als Freie Radikale bezeichnet. Sie können unsere DNS angreifen, zerstören und sind somit Krebsauslöser. Freie Radikale sind Einzelgänger auf der Suche nach einem Partner. Und bei dieser Suche nach Zweisamkeit schrecken sie auch nicht davor zurück, bestehende Verbindungen zu zerstören. Das macht sie so gefährlich. Denn bei den neuen Verbindungen, die sie eingehen, handelt es sich nicht um eine haltbare Liaison, sondern ebenfalls um eine instabile Verbindung, und wenn diese wiederum gelöst wird, steigt die Zahl der Freien Radikale im Körper. Gegner der Radikale sind die Antioxidantien, die man folgerichtig auch Radikalfänger nennt.
Glücklicherweise sind wir der Situation nicht hilflos ausgeliefert. Hier ist es genau wie bei den Promotoren und Antipromotoren. Solange sich stabile und instabile Sauerstoffmoleküle die Waage halten, passiert nichts. Erst wenn die Instabilen die Macht übernehmen, wird es brenzlig. Unser Körper ist jedoch durchaus in der Lage, sich gegen die Freien Radikale zur Wehr zu setzen. Behilflich sind ihm dabei seine körpereigenen Antioxidantien, die Enzyme. Ohne diese Eiweißverbindungen ist ein reibungsloser Stoffwechsel nicht möglich. Sie machen die Freien Radikale unschädlich. Zur Unterstützung benötigen sie aber Antioxidantien von außen. Und zwar in Form von Vitaminen, mit deren Hilfe sie die aggressiven Sauerstoffmoleküle entwaffnen. Werden dem Körper keine Vitamine zugeführt, geraten die Enzymreparateure mangels »Handwerkszeug« in Bedrängnis.

Freie Radikale sind auch nützlich

Wie so viele Dinge im Leben, haben auch die »radikalen Kerle« zwei Seiten und sind nicht durch und durch schlecht. Der Körper braucht die instabilen Sauerstoffmoleküle für sein eigenes Abwehrsystem, um gegen Bakterien, Viren und defekte Zellen (u. a. auch Krebszellen) vorzugehen. Bei einer Erkrankung werden die Freien Radikale als Waffe eingesetzt, und weil Krankheitserreger über keine Antioxidantien, also Radikalfänger verfügen, sind die Freien Radikale bei ihrer Arbeit erfolgreich.

Sie dürfen aber eben nie so erfolgreich sein, dass sie zahlenmäßig die Oberhand im Körper gewinnen. Deshalb müssen wir mit unserer Nahrung dem Organismus genügend Antioxidantien zuführen, damit sich ein gesundes Gleichgewicht einstellt.

Viele Forscher sehen übrigens die Freien Radikale als Hauptschuldige einer ganzen Reihe von Erkrankungen, nicht nur was Krebs betrifft. Auch Arteriosklerose und Herzinfarkt sollen auf ihr Konto gehen, ebenso wie das Altern des Menschen an sich. Das lässt sich derzeit noch nicht bis zur letzten Konsequenz beweisen. Sicher ist aber, dass wir wegen einer Überproduktion dieser instabilen Sauerstoffmoleküle dauernd von Freien Radikale umgeben sind. Sie entstehen zum Beispiel durch Luftverschmutzung, Zigarettenrauch und UV-Strahlung.

Da wir ständig von Freien Radikalen umgeben sind, müssen sie in unserem Körper in Schach gehalten werden und dürfen nicht die Überhand gewinnen.

Auch durch eine falsche Ernährung und durch Genussmittel wie Alkohol und Nikotin nehmen wir Freie Radikale auf. Das heißt: Je ungesünder wir uns ernähren, desto mehr Antioxidantien müssen wir aufnehmen. Unser Körper benötigt laufend Antioxidantien, damit er das Gleichgewicht von instabilen und stabilen Sauerstoffmolekülen aufrecht erhalten kann.

Das Vitamin C

Vitamin C ist sicherlich das bekannteste Antioxidans. Seine Wirkung als Radikalfänger können Sie ganz einfach nachprüfen. Schneiden Sie einen Apfel oder eine Banane auf. Was passiert? Richtig: Die Schnittstellen werden braun. Die Freien Radikale haben nach einiger Zeit die oberflächlichen Zellschichten zerstört. Sie können das verhindern, indem Sie die Schnittstellen mit Zitronensaft beträufeln. Das Vitamin C darin bremst das zerstörerische Wirken der Freien Radikale.

Noch eindrucksvoller ist die Wirkung von Vitamin C im Krebsgeschehen. Als Radikalfänger ist es in der Lage, die gefährlichen Nitrosamine, die sich vor allem im Magensaft bilden, unschädlich zu machen. Eine Reihe von Studien hat gezeigt, dass in Ländern mit hohem Vitamin-C-Verbrauch der Magenkrebs rückläufig ist. Auch Mund-, Speiseröhren- und Darmkrebs treten seltener auf. Neueste Forschungen deuten darauf hin, dass das Vitamin auch der Entstehung von Brustkrebs entgegenwirkt.

Vitamin C gehört zu den wasserlöslichen Vitaminen und wird vom Körper nicht gespeichert. Daher muss täglich zugefüttert werden. Und damit sind wir bei den Vitamin-C-Lieferanten: Das sind natürlich einmal die Zitrusfrüchte Orangen, Zitronen und Grapefruits, dann Kiwis, schwarze Johannisbeeren, Papayas, Erdbeeren, Mangos, Stachelbeeren, rote Johannisbeeren, Mandarinen, Zuckermelonen, Himbeeren, Heidelbeeren, Ananas, Brombeeren, Kirschen, Bananen, Äpfel und Pfirsiche. Zahlreiche Gemüsesorten können ebenfalls mit zum Teil beträchtlichen Mengen dieses Antioxidans aufwarten: Paprika, Rosenkohl, Grünkohl, Weißkohl, Blumenkohl, Wirsing, Brokkoli, Fenchel, Mangold, Meerrettich, Petersilie, Spinat, Kresse, Kohlrabi, Lauch, Radieschen, Rettich und Tomaten.

Das Beta-Carotin oder Provitamin A

Zweiter prominente Vertreter der Radikalfänger ist das fettlösliche Beta-Carotin, das zur Gruppe der Carotinoide gehört, jener sekundären Pflanzenstoffe, die Sie aus dem vorangegangenen Kapitel kennen. Da auch Pflanzen den Angriffen Freier Radikale ausgesetzt sind, sei es durch intensive Sonneneinwirkung oder durch Schadstoffe, brauchen auch sie einen Schutzmechanismus. Dafür setzen sie das Beta-Carotin als Antioxidans ein. Dasselbe geschieht im menschlichen Organismus.

Das Lycopin aus den Tomaten sind inzwischen als Fänger von besonders aggressiven Radikalen bekannt, dem so genannten Singulett-Sauerstoff. Am wirksamsten ist das Lycopin übrigens in gekochter, gedünsteter oder anderweitig verarbeiteter Form. Denn aus den frischen Tomaten kann der menschliche Organismus Lycopin nur in recht begrenzter Menge aufnehmen, da dieser sekundäre Pflanzenstoff im frischen Gemüse zu gut »verpackt« ist. Kochen oder Dünsten macht diese wertvolle Substanz unserem Körper leichter zugänglich. Hervorragende Lycopinlieferanten sind deshalb die Tomatensauce und Tomatensaft. Allerdings funktioniert die Abwehr der Radikale nur, wenn wir ständig über einen hohen Carotinspiegel verfügen. Das heißt, der Körper muss täglich damit versorgt werden. Besonders hohe Carotinkonzentrationen finden Sie in Möhren und Süßkartoffeln. Aber auch Aprikosen, Feldsalat, Mangold, Chicorée, Petersilie, Kerbel und Fenchel enthalten reichlich Beta-Carotin.

Das Lycopin, das zur Gruppe der Carotinoide gehört, jagt die besonders aggressiven Radikale des Singulett-Sauerstoffs.

Das Vitamin E

Der dritte im Vitaminbund der Radikalfänger ist das Vitamin E, fettlöslich wie das Beta-Carotin. Als äußerst fleißiger Antioxidansjäger ist er in der Lage, Lunge, Speiseröhre, Mund, Rachen, Magen, Darm, Harnblase, Prostata und Brust vor Krebs zu schützen.

Das Vitamin ist in sämtlichen Pflanzenölen (z.B. Maiskeim-, Distel-, Oliven-, Weizenkeim-, Soja-, Leinsamen-, Erdnuss- und Sonnenblumenöl) enthalten, sowie in Pflanzenmargarinen, Mandeln, Haselnüssen und natürlich in Oliven. Dabei sind es nicht nur die pflanzlichen Fette, die mit Vitamin E aufwarten, auch Gemüse und Obst bieten unserem Körper dieses Antioxidans. So liefern Avocados, Paprika, Schwarzwurzel, Erbsen, Weißkohl, Rotkohl und Grünkohl, Spargel und Spinat die begehrte Substanz. Nicht zu vergessen sind auch die Fische. Sehr gute Vitamin-E-Lieferanten sind Seelachs, Regenbogenforellen, Makrele und Hering. Auch Champignons, Pfifferlinge, Morcheln und Steinpilze sind Vitamin-E-Spender.

Das Spurenelement Selen

Neben den drei Vitaminen gibt es noch ein Spurenelement, das sich als Radikalfänger verdient macht: das Selen. Es ist allerdings noch nicht zweifelsfrei gesichert, ob Selen als unabhängiges Antioxidans agiert oder nur im Zusammenspiel mit den drei genannten Vitaminen wirksam wird. Deshalb sind die Studienergebnisse, die zum Selen vorliegen, zum Teil widersprüchlich. Es gibt jedoch Hinweise, dass das Risiko von Haut- und Blasenkrebs sinkt, wenn genügend Selen im Körper vorhanden ist. Tatsache ist jedenfalls, dass dieses Spurenelement die körpereigenen Antioxidantien, hier insbesondere das Enzym mit dem unaussprechlichen Namen Glutathionperoxidase, in ihrer Arbeit unterstützt.

> **tipp**
>
> Antikarzinogene ganz besonderer Art führen Sie Ihrem Körper zu, wenn Sie sich öfter einmal mit Hummer und Garnelen verwöhnen.

In der Nahrung kommt Selen in so leckeren Meeresfrüchten wie Hummer und Garnelen vor sowie in Bückling, Hering, Thunfisch, Sardinen, Scholle und Rotbarsch. Auch Gemüse können mit Selen aufwarten: Kohlrabi, weiße Bohnen, Sojabohnen, Tomaten, Rotkohl und Weißkraut. Selbst in Kokosnüssen, Pistazien und Paranüssen ist das Spurenelement vorhanden.

Die Antioxidantien im Kaffee

Neu in der Reihe der Antioxidantien ist ein Getränk, das sich hierzulande besonderer Beliebtheit erfreut: der Kaffee. Er sorgte in jüngster Zeit für einige Überraschung. Untersuchungen aus Japan, Spanien, Großbritannien und den USA deuten darauf hin, dass im Kaffee Antioxidantien enthalten sind, die möglicherweise vor Leber- und Blasenkrebs schützen können. Welche Stoffe im einzelnen als krebsprotektiv gelten und wie sie wirken, wird derzeit noch untersucht.

- **Freie Radikale sind instabile Sauerstoffmoleküle auf der Suche nach einem Partner, aus dem sie ebenfalls Freie Radikale machen. So können sie sich auf gefährliche Weise vermehren.**

- **Eine ganze Reihe von sekundären Pflanzenstoffen erfüllt eine Doppelfunktion als Antikarzinogen und als Radikalfänger. Eine wichtige Rolle im Kampf gegen Freie Radikale spielen auch die Vitamine C, E und Beta-Carotin.**

- **Im Körper muss ein Gleichgewicht von Freien Radikale und Radikalfängern herrschen.**

Ballaststoffe, die keineswegs Ballast sind

Wir sind mit unsere Liste antikarzinogener Nahrungsmittel immer noch nicht am Ende. Und ich bin ziemlich sicher, dass Sie inzwischen davon überzeugt sind, dass all die gesunden und leckeren Nahrungsmittel, die bislang aufgezählt wurden, das Vorurteil von der Langweiligkeit gesunder Kost widerlegen.

Wenden wir uns den Ballaststoffen zu, die diesen Namen wahrlich nicht verdienen. Bei Ballast denken wir automatisch an Überflüssiges, an etwas, das man möglichst wegwirft. Irgendwann einmal haben die Forscher zwar versucht, statt des eher abwertenden Begriffs Ballaststoffe den Begriff Faserstoffe einzuführen. Doch so richtig durchsetzen konnte sich die neue Kreation bis heute nicht. Also bleiben auch wir bei den altbekannten Ballaststoffen, die für unseren Körper, insbesondere für unser Verdauung, so unendlich wichtig sind.

Unverdaulich, aber unverzichtbar

Ballaststoffe ist ein Sammelbegriff, unter dem man alle unverdaulichen Bestandteile der Nahrung pflanzlicher Herkunft versteht. Dazu gehören die Zellulosen, die in Obst und Gemüse vorkommen, die Hemizellulosen im Getreide, die Lignine in Obst und Getreide, die Beta-Glukane in Getreide, die Pektine in Obst, die Alginsäure in Braunalgen, das Carrageen in Rotalgen, das Agar-Agar in Braunalgen, die Pflanzengummis in Johannisbrotkernmehl und die Pflanzenschleime in Leinsamen.

Ballaststoffe wurden jahrelang wie Stiefkinder behandelt, bis man ihren wahren Wert erkannte.

Aha, werden Sie sagen, also doch Ballast, wenn die Bestandteile unverdaulich sind. Doch es stimmt nun einmal nicht, obwohl auch die Ernährungswissenschaftler eben dies noch bis in die 1970-er-Jahre hinein glaubten. Die Ballaststoffe spielen beim Stoffwechselprozess eine fundamentale Rolle. Es gibt lösliche und unlösliche Ballaststoffe. Die löslichen bilden zusammen mit Wasser eine gallertartige Masse. Die unlöslichen quellen mit dem Wasser auf und sind in der Lage, alle gesundheitsschädigende Substanzen an sich zu binden und aus dem Körper wieder hinauszuschaffen. Beide Vorgänge erhöhen die Stuhlmenge, fördern die Darmbewegung und verkürzen damit auch die Verweildauer des Stuhls im Darm. Die Konsequenz daraus: Schnellere Stuhlentleerung und damit eine geringere Chance für Karzinogene, sich in den Darmfalten einzunisten und ihr unheilvolles Treiben zu beginnen.

Die verschiedenen Funktionen der Ballaststoffe

Da es so viele unterschiedliche Ballaststoffe gibt, haben sie auch alle vielfältige Funktionen. Die einen binden die Karzinogene an sich und werden mit ihnen zusammen ausgeschieden. Andere Ballaststoffe binden primäre Gallensäuren, bevor diese sich zu den Krebs erregenden sekundären Gallensäuren entwickeln können. Eine dritte Gruppe sorgt dafür, dass bei der Verdauung Buttersäure entsteht, die wiederum die Teilungsgeschwindigkeit von Tumorzellen senkt.

Alles in allem sind das deutliche Hinweise darauf, dass eine ballaststoffreiche Ernährung einen guten Schutz vor Dickdarmkrebs darstellt. Ballastastoffe vermindern zum einen bereits die Aufnahme von Karzinogenen und sorgen zum anderen für eine rasche Ausscheidung der unerwünschten Substanzen.

Und nicht nur vor Dickdarmkrebs, sondern auch vor Brustkrebs entfalten Ballaststoffe eine Schutzwirkung. Es kommt mithilfe von Ballaststoffen nämlich zu einer vermehrten Ausscheidung von Östrogenen. Im Großen und Ganzen werden die Hormone über die Leber abgebaut und über den Darm ausgeschieden. Doch nicht alle Östrogene gelangen auf diesem Weg nach draußen, manche werden über die Darmschleimhaut wieder aufgenommen und erneut in den Blutkreislauf eingeschleust. Ballaststoffe sind jedoch auch in der Lage, Östrogene an sich zu binden und auszuscheiden. Damit sinkt das Risiko, an hormonell bedingtem Brustkrebs zu erkranken.

Manche Studien lassen Zweifel aufkommen

An dieser Stelle möchte ich Ihnen allerdings eines nicht verschweigen. Es gibt eine Studie, die seit 16 Jahren läuft und mit 88 000 Krankenschwestern im amerikanischen Boston durchgeführt wird. Einige Ergebnisse dieser Langzeituntersuchung werden von manchen Wissenschaftlern dahingehend interpretiert, dass Ballaststoffe nicht vor Dickdarmkrebs schützen. Doch das kann nicht die ganze Wahrheit sein. Auch die Deutsche Ernährungsgesellschaft hat Zweifel angemeldet. Laut ihrer Empfehlung tritt eine Präventivwirkung ein, wenn wir pro Tag 30 g Ballaststoffe zu uns nehmen (andere Ernährungswissenschaftler finden jedoch erst 40 bis 50 g pro Tag gerade ausreichend). Die Studienteilnehmerinnen brachten es jedoch maximal auf 25 g. Der US-Fachmediziner Robert Goodlad, der sich mit dem Bostoner Studienreport befasste, wies darauf hin, dass offenbar nicht jede Faser gut für den Darm ist. Insbesondere jene Ballaststoffe, die nicht aus der Natur sondern aus Nahrungsergänzungsmitteln stammen, haben unter Umständen nicht die gewünschte Wirkung.

Doch jetzt ist den Ballaststoffen Gerechtigkeit widerfahren. Die ersten Auswertungen der EPIC-Studie zeigen ganz deutlich, dass diese Substanzen sehr wohl vor Darmkrebs schützen können. Wer die meisten Ballaststoffe pro Tag aufnahm, hatte ein um 40 Prozent geringeres Risiko, Darmkrebs zu entwickeln. Das sind traditionell die Bewohner des Mittelmeerraumes, wo sehr viel Obst und Gemüse gegessen wird.

Entscheidend ist die Summe aller Substanzen. Isolierte Stoffe erzielen nur höchst selten die gewünschte Wirkung.

Und hier sind wir wieder bei einem ganz entscheidenden Punkt. Ich habe es ganz zu Anfang erwähnt, als ich Ihnen die heimliche Hoffnung auf eine »Wundertablette« aus dem Pharmalabor raubte. Es ergibt keinen Sinn, einzelne Stoffe zu isolieren und zu glauben, damit eine besonders hohe Präventivwirkung zu erzielen. Zumal bei vielen Substanzen, dazu gehören auch die Ballaststoffe, noch niemand hundertprozentig sagen kann, welcher einzelne Stoff nun genau krebspräventiv wirkt. Richtig ist, dass die diskutierten Substanzen in naturbelassener Form ingesamt einen Effekt erzielen. Falsch ist es, isolierte Stoffe zu nehmen.

Robert Goodlad, und mit ihm auch andere Wissenschaftler, haben Recht, wenn sie sagen, nicht jede Faser oder jeder Pflanzenbestandteil ist gut für unseren Körper. Entscheidend ist die Summe und das Zusammenspiel aller Wirkstoffe. Nur im Verbund sind sie wirksam und stark. Und deshalb ist es so wichtig, dass Gemüse und Obst naturrein verzehrt werden und nicht ein Vitaminpräparat.

Wir werden mit solchen Studienergebnissen oder Meldungen, die sich mit einzelnen Vitaminen und Mineralien beschäftigen, immer wieder konfrontiert. Auch das Vitamin C geriet vor einiger Zeit in Verruf. Es könne unser Erbgut, die DNS, schädigen, hieß es, und Krebs verursachen. Aber haben Sie nicht gerade im Kapitel über das Vitamin C gelesen, dass es ein wunderbarer Radikalfänger ist? Was haben die Forscher der Universität Pennsylvania um Ian Blair getan? Sie gaben das Vitamin zusammen mit einer bestimmten

Fettsubstanz, so genannte Lipidhydroperoxide, in ein Reagenzglas. Nach zwei Stunden haben die Forscher entdeckt, dass sich Stoffe gebildet haben, die das menschliche Erbgut schädigen können. Das Fatale dabei: Die Wissenschaftler haben die Ergebnisse des Versuchs auf den menschlichen Organismus übertragen. Doch niemand weiß, ob das gleiche auch im menschlichen Körper passieren würde. Prof. Dr. Klaus Pietrzik, ein renommierter Ernährungswissenschaftler der Universität Bonn, konterte denn auch entsprechend: »Dies ist in der Wissenschaft nicht zulässig und ein gravierender Fehler. Der menschliche Körper reagiert ganz anders als es im Reagenzglas imitiert werden kann.«
Von solchen Untersuchungen und zweifelhaften Testergebnissen lassen sich die Forscher deshalb kaum irritieren. Auch nicht Dr. Heiner Boeing vom Deutschen Institut für Ernährungsforschung in Potsdam-Rehbrücke, der mit seiner Abteilung an der EPIC-Studie teilnimmt. Boeing: »Vom Versuch im Labor können wir nicht so einfach auf die Vorgänge im Körper schließen.«
Sie werden mir diesen kleinen Schlenker verzeihen. Aber er soll Ihnen auch helfen, zu verstehen, dass weder die Wirkung von Substanzen, noch die Entstehung von Krebs etwas ist, das sich auf eine einfache Formel bringen lässt. 1 + 1 ist nicht in jedem Fall 2. Beides, die Prävention sowie die Krebsentwicklung, ist komplex, kompliziert und immer noch nicht gänzlich erforscht. Es gibt allerdings von Seiten der Wissenschaftler keinen Zweifel daran, dass die gesunde Ernährung, die dieses Buch Ihnen näher bringen will, die Entstehung von Krebs unterbinden kann.
Und nun zurück zu unseren Ballaststoffen. 30 g Ballaststoffe pro Tag, so lautet die Empfehlung der Deutschen Gesellschaft für Ernährung. Das ist das Minimum, um eine protektive Wirkung zu erzielen. Enthalten sind die Ballaststoffe in allen Obstsorten. Insbesondere in Äpfeln, Birnen und Feigen. Die Apfelpektine haben sich einen besonders guten Ruf erworben. Sie saugen giftige Stoffe auf, unter anderem die sekundäre Gallensäure, die als karzinogen bekannt ist, und sorgen dafür, dass sie ausgeschieden werden und nicht in die Blutbahn gelangen. In allen Gemüsearten (vor allem Kohl), in allen Vollkornprodukten (dazu gehören auch Reis und Nudeln aus Vollkorn), in Müsli, in Hülsenfrüchten wie Bohnen, Linsen und Erbsen sowie in Süßkartoffeln finden Sie ebenfalls die wichtigen Ballaststoffe.

auf den punkt gebracht

- Bis weit in die 70er-Jahre des 20. Jahrhunderts hinein wurden Ballaststoffe als das angesehen, was der Name suggeriert: als überflüssig. Erst nach und nach erkannte die Wissenschaft den hohen Nutzen dieser Substanzen.
- Die verschiedenen Ballaststoffe nehmen unterschiedliche Funktionen im Körper wahr.
- 30 g Ballaststoffe pro Tag sind eine gute Voraussetzung, um sich vor Darm- und Brustkrebs zu schützen.

Milchsäurebakterien

Nun sind wir bei der letzten Gruppe unserer Antikarzinogene angelangt, den Milchsäurebakterien, die wir im Joghurt finden. Na, da klingelt bestimmt etwas bei Ihnen. War da nicht auch noch etwas mit linksdrehend oder rechtsdrehend? Genau. Dazu gleich mehr.
Milchsäurebakterien sind an der Produktion von Milchprodukten wie Joghurt, Sauermilcherzeugnissen, Kefir, aber auch Sauerkraut und so genannten milchsauer vergorenen Getränken (Karotten- und Rote-Bete-Most sowie Brottrunk) beteiligt. Sie haben einen stabilisierenden Einfluss auf die Darmflora und werden sehr häufig parallel zu oder im Anschluss an Antibiotikabehandlungen verabreicht, um die Darmflora zu normalisieren.
Inzwischen weiß man aus Tierversuchen und einigen Untersuchungen an Menschen, dass diese Milchsäurebakterien auch eine krebshemmende Wirkung haben. Zum Ersten aktivieren die Bakterien unsere Immunabwehr, indem sie die Produktion von Killerzellen steigern, also jenen körpereigenen Waffen, die den Krebszellen den Garaus machen. Zum Zweiten hindern sie Enzyme im Verdauungstrakt daran, Prokarzinogene (das sind die ungefährlichen Krebsvorstufen, die ich im Abschnitt über die Krebsentstehung erwähnt

habe) in Karzinogene umzuwandeln. Zudem sind sie in der Lage, Karzinogene direkt an sich zu binden und unschädlich zu machen. Fazit: die Milchsäurebakterien bieten einen beachtlichen Schutz vor Darmkrebs.
Nun noch zum Unterschied zwischen links- und rechtsdrehend: Durch die Verwendung bestimmter Bakterien lassen sich gezielt Produkte mit rechtsdrehender L(+)- oder mit linksdrehender D(-)-Milchsäure herstellen. (Die Richtung bezieht sich auf die Anordnung der Atome innerhalb der Milchsäuremoleküle.) Die rechtsdrehende Milchsäure kann im menschlichen Körper rascher abgebaut werden, sodass es nicht zu einer Übersäuerung kommt, was bei der linksdrehenden der Fall sein kann. Deshalb wird für die Herstellung von Joghurt und anderen Erzeugnissen überwiegend rechtsdrehende Milchsäure verwendet. Insofern ist es nicht ganz unrichtig, wenn die rechtsdrehende Milchsäure als die gesündere gepriesen wird. Es gibt übrigens auch einen geschmacklichen Unterschied: Produkte mit überwiegend rechtsdrehender Milchsäure sind milder und süßer, die linksdrehende Milchsäure kommt wesentlich saurer daher.

Weitere Antikarzinogene

Es gibt in unseren Nahrungsmitteln auch noch einzelne Stoffe, die sich keiner der bisher genannten Gruppen zuordnen lassen, die aber dennoch ausgeprägte antikarzinogene Fähigkeiten besitzen.

- **Milchsäurebakterien aktivieren die körpereigene Immunabwehr, indem sie die Produktion von Killerzellen steigern.**
- **Sie verhindern die Umwandlung von ungefährlichen Prokarzinogenen in gefährliche Karzinogene.**

Lentinan

Dazu gehört auch ein berühmtes Nahrungsmittel aus Asien: Der Shiitake-Pilz. Schon im 14. Jahrhundert berichtete ein chinesischer Arzt, dass der Shiitake-Pilz bei verschiedenen bösartigen Erkrankungen hilfreich sei. Ende der 60er-Jahre des 20. Jahrhunderts begannen die ersten wissenschaftlichen Untersuchungen hinsichtlich der antikarzinogenen Wirkung des Pilzes. Der Erfolg im Labor war umwerfend. Die Forscher erreichten eine rund 90-prozentige Hemmung des Tumorwachstums. Von den Versuchstieren, denen zuvor die bösartige Bindegewebsgeschwulst Sarkoma eingepflanzt wurde, konnten 60 Prozent geheilt werden.

tipp

Bringen Sie öfter Shiitake-Pilze auf den Tisch. Sie gehören zu den wirklich herausragenden Antikarzinogenen und schmecken obendrein ganz exzellent.

Auf der Suche nach dem Wirkstoff stießen die Wissenschaftler auf die Substanz Lentinan. In weiteren zahlreichen Versuchen wurde die Tumor hemmende Wirkung dieses Stoffes nachgewiesen. Lentinan hat einen außerordentlich hohen immunstärkenden Effekt, durch den unter anderem auch die Aktivität unserer natürlichen Killerzellen, die die Tumorzellen bekämpfen, angekurbelt wird. In Japan werden die Shiitake-Pilze inzwischen nicht nur präventiv, sondern auch bei der Behandlung von Magen- und Darmkrebs eingesetzt.

Polysaccharide

Ein anderer Pilz, dem Krebs hemmende Wirkung nachgesagt wird, ist der Igelstachelbart, auch Affenkopfpilz genannt. In Laborversuchen mit diesem Pilz konnte ebenfalls eine Hemmung der Gewebegeschwulst Sarkoma festgestellt werden sowie eine günstige Wirkung bei Magen- und Speiseröhrenkrebs. Beteiligt an der antikarzinogenen Wirkung sind Polysaccharide (Zuckermolekülverbindungen) und Polypeptide (Aminosäureverbindungen), die in der Lage sind, die Teilung, und damit Vermehrung erkrankter Zellen zu verhindern.

Phytinsäure

Enthalten ist diese Phosphatverbindung hautsächlich in Getreide, Hülsenfrüchten, Nüssen und Ölsamen. Die antikarzinogene Wirkung dieser Säure wurde erst in jüngster Zeit untersucht und die Wissenschaftler gehen davon aus, dass diese Substanz einen Schutz vor Dickdarmkrebs bietet. Phytinsäure ist in der Lage, ungebundenes Eisen, das im Magen-Darm-Trakt vorkommt, an sich zu binden. Dieses ungebundene Eisen fördert normalerweise die Entstehung von Freien Radikale. Folglich verhindert die Säure auf dem Umweg über das Eisen die Bildung Freier Radikale. Außerdem konnte sowohl in Laborversuchen als auch in Humanstudien nachgewiesen werden, dass Phytinsäure die körpereigenen Killerzellen stimuliert, die im Kampf gegen Krebs so wichtig sind.

Chlorophyll

Der grüne Farbstoff in den Blättern, das Chlorophyll, ermöglicht den Pflanzen, Kohlendioxid mit Hilfe des Sonnenlichts in Nährstoffe umzuwandeln. Diese Umwandlung nennt man Photosynthese, und sie ist Ihnen aus dem Schulunterricht sicherlich noch bestens bekannt. Chlorphyll ist in fast allen Pflanzen enthalten, besondes hoch ist sein Gehalt in Petersilie und Spinat. In Laborversuchen wurde eine antikarzinogene Wirkung bei Leberkrebs nachgewiesen.

Aufgelistet: Welche Nahrungsmittel liefern Antikarzinogene?

Nun schwirrt Ihnen bestimmt der Kopf angesichts der Fülle von Stoffen und Antikarzinogenen. Aber sind Sie jetzt nicht auch überzeugt, dass Genuss und Gesundheitsbewusstsein sich nicht zwangsläufig ausschließen? Damit Sie aus der Fülle der Nahrungsmittel schöpfen können und einen besseren Überblick bekommen, werden in diesem Kapitel noch einmal sämtliche Lebensmittel aufgelistet, die eine antikarzinogene Wirkung haben. Sie sind unterteilt in Kategorien wie Obst, Gemüse, Salate, Hülsenfrüchte, Fisch und Meeresfrüchte, Getreide, Kräuter, Gewürze, Nüsse und Ölsaaten, Getränke, Milchprodukte und Pilze.

Gemüse

Auberginen, Blumenkohl, Brokkoli, Chinakohl, Fenchel, Frühlingszwiebeln, Grünkohl, Gurken, Karotten, Kartoffeln, Knoblauch, Knollen- und Staudensellerie, Kohlrabi, Kürbis, Lauch, Mais, Mangold, Paprikas, Radieschen, Rettich, Rosenkohl, Rote Bete, Rotkohl, Sauerkraut, Schalotten, Spargel, Spinat, Süßkartoffeln, Tomaten, Weißkohl, Wirsing, Zucchini, Zwiebeln.

Obst

Ananas, Äpfel, Aprikosen, Bananen, Birnen, , Brombeeren, Erdbeeren, Grapefruits, Heidelbeeren, Himbeeren, schwarze und rote Johannisbeeren, Kirschen, Kiwis, Mandarinen, Mangos, Melonen, Nektarinen, Orangen, Papaya, Pfirsiche, Pflaumen, Quitten, Stachelbeeren, Weintrauben, Zitronen.

Salate

Chicorée, Eichblatt, Endivie, Feldsalat, Kopfsalat, Kresse, Lollo rosso, Rauke.

Hülsenfrüchte

Grüne und weiße Bohnen, Erbsen, Kichererbsen, Kidneybohnen, Linsen, Sojabohnen, Zuckerschoten.

Fisch und Meeresfrüchte

Bückling, Garnelen, Hering, Hummer, Makrele, Regenbogenforelle, Rotbarsch, Sardinen, Scholle, Seelachs, Thunfisch, Zander.

Getreide

Gerste, Hafer, Mais, Reis, Roggen, Weizen.

Kräuter

Basilikum, Dill, Kresse, Liebstöckel, Lorbeer, Majoran, Oregano, Petersilie,, Rosmarin, Schnittlauch, Thymian, Zitronenmelisse.

Gewürze

Anis, Curcuma (Gelbwurz), Ingwer, Kümmel, Meerrettich, Muskatnuss, Paprika, Pfeffer, Senf, Zimt.

Nüsse und Ölsaaten

Erdnüsse, Leinsamen, Pecanüsse, Sesam, Sonnenblumenkerne, Walnüsse.

Getränke

Kaffee, Rotwein, grüner Tee, schwarzer Tee, roter Traubensaft.

Milchprodukte mit Milchsäurebakterien

Joghurt, Kefir, Sauermilcherzeugnisse, milchsauer vergorene Getränke wie Karotten- und Rote-Bete-Most und Brottrunk.

Pilze

Shiitake-Pilz, Igel-Stachelbart (auch Affenkopfpilz genannt)

- **Eine Fülle von Nahrungsmitteln mit antikarzinogener Wirkung gewährleistet eine gesunde Ernährung.**
- **Dank des riesigen Angebots können Sie aus dem Vollen schöpfen. Ihr Speisezettel muss keineswegs langweilig sein.**

Ernährungstipps – Was, wie viel, wovon soll man täglich essen?

Nun geht es um die Frage, wie viel man von den einzelnen Lebensmitteln essen sollte. »Eine Ernährung, die täglich ausreichend Obst und Gemüse enthält, und damit die notwendigen sekundären Pflanzenstoffe, Vitamine, Mineralien und Ballaststoffe liefert, leistet einen wesentlichen Beitrag zum Schutz vor Krebs«, so lautet einhellig das Statement von Ernährungswissenschaftlern. Aber wieviel ist »ausreichend«? Darüber haben sich Experten in aller Welt Gedanken gemacht und sind zu Ergebnissen gekommen, die zwar nicht ganz einheitlich in den Mengenangaben sind, aber in der Wahl der Nahrungsmittel.

Obst, Gemüse und Salate

Hier ist Vielfalt angesagt, denn Sie sollen täglich ja möglichst viele verschiedene Antikarzinogene aufnehmen. »Five a day« ist eine Empfehlung, die aus Amerika kommt und hierzulande übernommen wurde. Das heißt nichts anderes als »5 am Tag«, und zwar sind fünf Portionen Obst und Gemüse damit gemeint.

»5 am Tag« empfehlen auch die Deutsche Gesellschaft für Ernährung und andere Organisationen wie die Deutsche Krebshilfe und die Deutsche Krebsgesellschaft.

tipp

Mit 500 g Obst und Gemüse pro Tag liefern Sie Ihrem Körper genau die wertvollen Substanzen, die er zur Krebsprävention benötigt.

Der tägliche Verzehr sollte etwa bei 500 bis 600 g liegen, unterteilt in drei Portionen Gemüse (nach Belieben als gedünstetes Gemüse, Rohkost oder Salat) und zwei Portionen Obst, das wahlweise auch als Saft konsumiert werden kann. Und wenn Sie all das noch mit den antikarzinogenen Kräutern würzen, sind Sie fein raus. Natürlich gehören auch Vollkornprodukte täglich auf den Tisch, genauso wie Milcherzeugnisse.

Noch mehr Obst und Gemüse wünscht sich allerdings Dr. Dr. Jakob Linseisen vom Deutschen Krebsforschungszentrum in Heidelberg. Er sähe es gerne, wenn sich jeder bis zu 800 g Obst und Gemüse plus 600 bis 800 g an Getreideprodukten, Hülsenfrüchten, Kartoffeln oder anderen pflanzlichen Nahrungsmitteln einverleibt – also rund 1600 g pro Tag, verteilt auf fünf bis sieben Mahlzeiten! Das Deutsche Institut für Ernährung (DIfE) in Potsdam-Rehbrücke empfiehlt 600 bis 800 g Obst und Gemüse täglich. Die amerikanischen Gesundheitsbehörden setzen den Tageskonsum auf fünf Portionen Gemüse und drei Portionen Obst fest, was insgesamt einer Menge von etwa 900 g entspricht.

Sie sehen, die Spanne ist relativ groß, und zwischen Wunsch und Wirklichkeit klafft meist eine große Lücke. Man sollte allerdings seine persönliche Messlatte nicht zu hoch hängen. Was nützt es, sich vorzunehmen, täglich 800 g Gemüse und Obst zu essen – und dann schafft man es nicht? Lieber niedriger beginnen, die eigenen Vorgaben dann aber auch einhalten.

Wenn wir uns also auf eine Tagesmenge von 500 g Obst und Gemüse einigen – wie es auch die Deutsche Gesellschaft für Ernährung vorschlägt –, sind Sie bestens versorgt. Natürlich hindert Sie niemand daran, die Menge nach Belieben zu erhöhen. Denn das Schöne ist, dass Sie problemlos mehr essen können, ohne auf den Zeiger der Waage achten zu müssen.

Vielleicht werden Sie jetzt aber trotzdem innerlich stöhnen und fragen: »Wie soll ich denn bloß 500 g pro Tag schaffen?« Glauben Sie mir, 500 g klingen nach mehr, als es tatsächlich ist. Haben Sie schon einmal eine Fleischtomate gewogen oder einen Paprika? Hier ein paar Beispiele, wie »schwer« Obst und Gemüse sind:

1 Fleischtomate 224 g (mit nur zwei Fleischtomaten haben Sie also schon 500 g!)

1 Paprika 170 g

1 Orange (mit Schale) 184 g

1 Grapefruit (mit Schale) 298 g

1 Banane (mit Schale) 158 g

Macht zusammen 1034 g, also über ein Kilo. Damit hätten Sie ihren empfohlenen Tagesbedarf bereits um mehr als 50 Prozent überschritten! So einfach ist das.

Und so könnte ein Tag mit antikarzinogenen Lebensmitteln aussehen:
Zum Frühstück gibt es ein Müsli mit Banane, falls Sie kein Müslifreund sind wahlweise eine Scheibe Vollkornbrot mit Quark (fettarm), belegt mit Radieschen und gewürzt mit Kresse. Als Zwischenmahlzeit einen Becher Joghurt und ein Glas Grapefruit- oder Orangensaft. Zum Mittagessen gönnen Sie sich entweder einen großen Salat- oder Gemüseteller. Am Nachmittag ein paar frische Erdbeeren, falls gerade Saison ist, oder einen Apfel, Kirschen oder Trauben. Oder Sie trinken Säfte nach Ihrer Wahl, ganz nach Geschmack. Am Abend gibt es schließlich noch etwas Leichtes: Gebratene Shiitake-Pilze in Knoblauch gedünstet und mit frischen Kräutern gewürzt, dazu eine Scheibe Vollkornbaguette und, wenn Sie mögen, ein Gläschen Rotwein. Das heißt aber nicht, dass Sie zum Alkohol verführt werden sollen. Wenn Sie bislang abstinent sind, bleiben Sie es bitte! Mit grünem oder schwarzem Tee oder rotem Traubensaft haben Sie ebenfalls Ihren Anteil an Antikarzinogenen aufgenommen.
Dieses eine Beispiel zeigt Ihnen, wie vielfältig Sie einen einzigen Tag ernährungstechnisch gestalten können. Und dabei ist der Speiseplan weder langweilig noch fade. Und die Liste der Antipromotoren ist erfreulich lang, wie Sie aus dem vorangegangen Abschnitt wissen.

auf den punkt gebracht

- Fünf Portionen Obst und Gemüse täglich können Ihnen einen optimalen Schutz vor ernährungsbedingten Krebserkrankungen verschaffen.
- 500 bis 600 Gramm pro Tag empfiehlt die Deutsche Gesellschaft für Ernährung, verteilt auf zwei Portionen Obst und drei Portionen Gemüse.
- Von entscheidender Bedeutung ist, dass dem Körper täglich wechselnde sekundäre Pflanzenstoffe zugeführt werden, um ein möglichst breites Spektrum zu bekommen.

30 bis 40 g Ballaststoffe pro Tag empfiehlt die Deutsche Gesellschaft für Ernährung. Das hätten Sie bereits mit acht Scheiben Vollkornbrot geschafft. Tatsächlich nehmen wir im Durchschnitt jedoch maximal 20 g täglich zu uns. Das ist zu wenig, um einen wirksamen Schutz vor Krebs zu erzielen. Dass wir heutzutage sowenig Ballaststoffe aufnehmen, liegt am veränderten Essverhalten. Wir bewegen uns immer mehr weg von den pflanzlichen, hin zu tierischen Nahrungsmitteln. Eine zweite Ursache liegt in der Lebensmittelverarbeitung. Da man noch bis in die 70er-Jahre glaubte, Ballaststoffe seien das, was der Name suggeriert, nämlich Ballast, waren auch die industriell gefertigten Nahrungsmittel ballaststoffarm. Das ist bis heute nahezu unverändert geblieben.
Der wichtigste Lieferant an Ballaststoffen war und ist das Getreide. Allerdings werden für unsere Grundnahrungsmittel wie Brot, Backwaren und Nudeln kaum Vollkornmehle, sondern so genannte Auszugsmehle (je niedriger der Ausmahlungsgrad, desto niedriger auch der Gehalt an wertvollen Körnern) verwendet, die kaum bis gar keine Ballaststoffe mehr enthalten. Bis um die Jahrhundertwende vom 19. zum 20. Jahrhundert gab es ausschließlich Brot aus Vollkornmehl. Vollkorn heißt, dass mindestens zu 90 Prozent das ganze Korn, Keimlinge und Schalen verwendet werden.
Kein Wunder, dass unsere Vorfahren mit rund 100 g Ballaststoff pro Tag hervorragend versorgt waren. Nur die »reichen Leute« fanden am Vollkornbrot wenig Geschmack. Vermutlich ließen sie sich von der dunklen Farbe beeinflussen, die ihnen nicht »fein« genug war. Deshalb griffen sie zu den angeblich besseren Brot- und Backwaren aus weißen oder grauen Mehlsorten, die im Vergleich zum Vollkorn wesentlich teurer waren. Ein ernährungstechnischer Irrtum, dem übrigens bereits die gut Betuchten der Antike unterlagen. Als schließlich das industrielle Zeitalter begann und auch die Mehle für Brot- und Backwaren industriell ausgemahlen wurden, begann der Siegeszug der weißen Mehle und damit unsere Unterversorgung mit Ballaststoffen. Der Hintergrund für die Hersteller ist die längere Haltbarkeit der weißen Mehle, und damit ihre gute Lager- und Transportfähigkeit. Es besteht auch keine große Gefahr durch Getreideschädlinge, weil

Getreide ist unser wichtigster Lieferant an Ballaststoffen. Mit knapp 20 g Ballaststoffen täglich essen wir aber zu wenig davon.

diese im weißen Mehl keine nennenswerten Nährstoffe finden – ebensowenig wie der Mensch.

Volles Korn kontra Weißmehl

Kein Wunder, dass man bei Weißmehlprodukten deshalb von »leeren« Kalorien spricht. Sie haben bestimmt auch schon die Erfahrung gemacht, dass Sie ein Brötchen gegessen haben, aber schon kurze Zeit später meldete sich der Hunger erneut. Wieder wird ein Brötchen verzehrt, aber irgendwie will sich das ersehnte Sättigungsgefühl nicht einstellen. Und das ist das Problem: Weißbrot macht nicht satt. Machen Sie doch spaßeshalber einen Test. Essen Sie eine Scheibe Vollkornbrot, mit Käse oder Wurst belegt oder auch Tomaten, je nach Gusto, und schauen Sie auf die Uhr, wenn Sie das nächste Mal wieder hungrig sind. Dasselbe praktizieren Sie mit Weißbrot. Und dann vergleichen Sie die Zeiten. Sie werden verblüfft sein, um wie viel länger die Sättigungsdauer bei Vollkorn ist. Das hat übrigens auch noch einen tollen Nebeneffekt. Weil Sie mit Vollkornprodukten nicht ständig das Gefühl haben, essen zu müssen (und es dann auch nicht tun) erreichen Sie so ganz nebenei eine Gewichtsabnahme. Ohne lästige Diät, ohne Kalorienzählen.

tipp

Ziehen Sie Vollkorn- den Weißmehlprodukten vor. Sie sind nicht nur gesünder in Bezug auf ihre Inhaltsstoffe, sondern auch sehr viel nahrhafter.

Wie bereits erwähnt, empfiehlt die Deutsche Gesellschaft für Ernährung 30 bis 40 g an Ballaststoffen pro Tag. Vier Scheiben Vollkornbrot decken die Hälfte des Tagesbedarfs. Wenn Sie dann noch Vollkornreis oder Vollkornnudeln wählen anstatt Produkte aus Weißmehl, füllt sich Ihr Ballaststoff-Konto. Auch wer regelmäßig Müsli oder Haferflocken zum Frühstück isst, nimmt die wichtigen Stoffe auf. Und in Obst und Gemüse sind ebenfalls Ballaststoffe enthalten, insbesondere in Hülsenfrüchten und Kohlarten. In 100 g weißen Bohnen stecken 7,5 g Ballast, in der gleichen Menge Erbsen 7 g; getrocknete Aprikosen bieten 6,8 g, getrocknete Feigen immerhin 9,6 g. Blumenkohl hat 2,2 g und Rosenkohl 2,5 g (jeweils pro 100 g gerechnet).

Zu viel des Guten – unsere Nahrungsfette

Das, was wir an Ballaststoffen zu wenig aufnehmen, ist bei der Fettaufnahme eindeutig zu viel. Bei uns werden pro Tag und pro Kopf etwa 130 bis 160 g Fett vertilgt, davon stammt der überwiegende Anteil aus Fleisch und Wurst. Die hohe Fettaufnahme ist noch ein Relikt aus der Vergangenheit, als der Mensch darauf angewiesen war, Fettdepots zu bilden für schlechte Zeiten. Denn Nahrung gab es wahrlich nicht immer im Überfluss. Also blieb gar nichts anderes übrig, als so viel wie möglich zu essen, wenn es etwas gab, um die »Dürreperioden« zu überleben.

Diese »Vorratshaltung im Körper« ist in unserer heutigen Gesellschaft überflüssig geworden. Zwar benötigt der Körper die lebensnotwendigen Fettsäuren wie Linolsäure oder auch die wertvollen Omega-3-Fettsäuren aus Fischölen. Außerdem ist Fett notwendig, um die fettlöslichen Vitamine A, D, E und K aufzunehmen. Aber leider füttern wir ihm zuviel. Die empfohlene Fettzufuhr liegt zwischen 70 und 80 g pro Tag. Als Faustregel können Sie sich merken: 1 g Fett pro Kilo Körpergewicht. Wiegen Sie 60 Kilo, dürfen Sie 60 g Fett verzehren, bei 50 Kilo entsprechend weniger.

Wir essen mit rund 160 g entschieden zu viel Fett pro Tag. Eine Angewohnheit aus schlechteren Zeiten, als der Körper zum Überleben noch Fettreserven anlegen musste.

Dass es den meisten so schwer fällt, auf Fett zu verzichten, hat einen ganz einfachen Grund: Fett schmeckt gut. Der Fettgehalt eines Nahrungsmittels beeinflusst nämlich den Geschmack und das »Mundgefühl« eines Lebensmittels. Je angenehmer das Gefühl im Mund, desto größer der Wunsch, dieses Geschmackserlebnis zu wiederholen.

Das Problem: Ein hoher Fettverzehr führt zu einer vermehrten Ausschüttung von Verdaungssäften, den primären Gallensäuren, die im Darm zu sekundären Gallensäuren umgewandelt werden, und diese sind Krebspromotoren! Ein wichtiger Faktor der Krebsprävention liegt also in einer kontrollierten Aufnahme von Fett.

Die Fettqualität ist wichtig

Hinzu kommt, dass nicht nur die Menge, sondern auch die Qualität der Fette eine Rolle spielt. Wir unterscheiden zwischen tierischen und pflanzlichen Fetten. Unterteilt wird in beiden Kategorien in gesättigte, einfach- und mehrfach ungesättigte Fettsäuren, was nichts

anderes sind, als chemische Strukturen. In fast allen Lebensmitteln sind Fette aller drei Kategorien enthalten. Insgesamt überwiegen allerdings die gesättigten Fettsäuren in tierischen Nahrungsmitteln und Milchprodukten, während Pflanzen hautpsächlich ungesättigte Fettsäuren liefern, und Meeresfrüchte warten fast nur mit mehrfach ungesättigten Fettsäuren auf.
Die gesättigten Fettsäuren gelten als besonders gefährlich, weil sie sich schneller als die anderen als Fettdepot im Körper ablagern. Da Fett mit 9 Kalorien pro Gramm den höchsten Kaloriengehalt unter den Nährstoffen aufweist, kann man sich ausrechnen, was das bedeutet. Und damit sind wir wieder beim Thema Gallensäuren, aus denen dann die gefährlichen Krebspromotoren entstehen.
Wir wissen also, dass Fett gut schmeckt und wir uns deshalb gerne verführen lassen, zu viel des Guten zu tun. Wir wissen, dass wir ein gewisses Maß an Fett benötigen, wissen aber auch, dass wir Wert auf Qualität legen müssen.
Einen Ausweg aus dem Dilemma weisen uns die Ernährungswissenschaftler mit der Drittelregelung. Unsere tägliche Fettaufnahme sollte idealerweise so aussehen: Ein Drittel mehrfach ungesättigte Fettsäuren, ein Drittel einfach ungesättigte und ein Drittel gesättigte Fettsäuren.
Zu den mehrfach ungesättigten Fettsäuren (dazu zählen übrigens die Omega-3-Säuren, die als Herzschützer gelten) gehören fette Fische wie Lachs, Makrele, Sardinen, Hering, Weißfisch, Heilbutt und Kipper. Außerdem Distel-, Sonnenblumen-, Soja- und Maiskeimöl sowie Avocados und Pflanzenmargarine.
Fisch reduziert übrigens ganz erheblich das Risiko, an einem Prostatakarzinom zu erkranken. Das ist das aktuelle Resultat einer Studie in Schweden, wo 6 300 Männer 30 Jahre lang auf ihre Ernährungsgewohnheiten untersucht wurden. Wer keinen Fisch aß, hatte ein zwei- bis dreifach höheres Risiko, einen Tumor zu entwickeln. Die Botschaft des schwedischen Karolinska-Instituts, unter dessen Leitung die Studie stattfand, ist deshalb eindeutig: »Essen Sie Fisch! Zwei- bis dreimal wöchentlich«, empfiehlt Prof. Alicja Wolk vom Karolinska-Institut. Übrigens: Je fetter die Fischsorte, die Sie wählen, desto weniger oft müssen Sie davon essen. Sardinen haben den höchsten Gehalt an Omega-3-Fettsäuren, gefolgt von Thunfisch. Wobei es keine Rolle spielt, ob Sie frischen Fisch essen oder welchen aus der Dose.

Die einfach ungesättigten Fettsäuren sind vor allem enthalten in Oliven-, Erdnuss- und Sesamöl.

Gesättigte Fettsäuren finden Sie hauptsächlich in tierischen Nahrungsmitteln, aber auch in Süßigkeiten. Rind, Schwein und Lamm enthalten diese Fettsäuren ebenso wie Hühnereier und Schokolade.

Achten Sie vor allem auf die so genannten versteckten Fette. Das sind diejenige, die man nicht auf Anhieb sieht. Bei manchen Lebensmitteln kommt man gar nicht auf die Idee, dass sie Fett enthalten könnten. Insofern ist also Vorsicht geboten. Fetthaltig sind natürlich Fleisch und Wurst, Käse, Soßen, Eier, Fast-Food-Produkte (denken Sie nur an Fritiertes oder Mayonnaise), Süßigkeiten, Knabbereien, Backwaren, Nüsse.

- Die tägliche Fettaufnahme von 130 bis 160 Gramm ist eindeutig zu viel.
- Mehr als ein Gramm pro Kilo Körpergwicht sollte es nicht sein. Achten Sie auf qualitativ hochwertige Fettquellen.
- Ideal ist die Drittelregelung bei der Fettaufnahme: $^1/_3$ mehrfach ungesättigte Fettsäuren, $^1/_3$ einfach ungesättigte Fettsäuren und $^1/_3$ gesättigte Fettsäuren.

Das Aus für Fleisch, Currywurst und Kuchen?

Und da haben wir auch schon das Stichwort: Fleisch und Süßigkeiten. Müssen Sie wirklich auf ein schnelles Würstchen vom Imbiss verzichten? Und was ist mit all den vielen süßen Schleckermäulern, denen beim Anblick einer Konditorei das Wasser im Munde zusammenläuft?

Keine Sorge! Niemand muss verzichten. Sie sollen weder zum Vegetarier »umerzogen«, noch sollen Sie zum Süßigkeitsfeind werden oder sich von nun an kasteien. Es geht lediglich darum, viele ungesunde Nahrungsmittel kräftig zu reduzieren und durch andere, gesündere zu ersetzen. Ein gelegentlicher »Ausrutscher« sei Ihnen von vornherein verziehen.

Fangen wir mit dem Fleisch an. Immerhin gibt es außer BSE noch fünf weitere gute Gründe, etwas kürzer zu treten:

1. Fleisch ist fetthaltig, wie Sie gerade erfahren haben, reich an gesättigten Fettsäuren. Fett zählt leider zu den Krebspromotoren, die die Umwandlung der bereits veränderten Zelle zur Krebszelle entscheidend fördern können. Und das gilt natürlich auch für alle Wurstwaren, von der Currywurst über die Salami bis hin zum Bierschinken. Wer sich für Fleisch und Wurstwaren entscheidet, sollte daher grundsätzlich fettarme Sorten von Geflügel und Wild wählen.

2. Fleisch, insbesondere rotes Fleisch wie Rind, Schwein und Lamm, enthält sehr viel Eisen. Dieses Spurenelement führt zu einer massiven Bildung Freier Radikale, es fördert auch die Bildung von Krebs erregenden Nitrosaminen und präsentiert sich darüberhinaus als Nährstoff für Krebszellen. Internationale Wissenschaftler empfehlen, den Verzehr von rotem Fleisch auf 80 g am Tag zu reduzieren und es nicht öfter als zweimal wöchentlich zu essen. Stattdessen sollten Sie lieber ausweichen auf das bereits erwähnte Geflügel und Wild, nicht zu vergessen Fisch.

3. Viele schädliche Substanzen entstehen bei der Zubereitung des Fleisches. Beim Braten, Backen, Räuchern und Grillen entwickeln sich so genannte polyzyklische aromatische Kohlenwasserstoffe, beispielsweise die karzinogenen Benzpyrene. Bevorzugen Sie schonende Garverfahren wie Kochen, Dünsten oder Dämpfen. Wenn Sie nicht aufs Grillen verzichten wollen, achten Sie darauf, dass kein Fett in die Glut tropft, weil sich dadurch Benzpyrene entwickeln. Verwenden Sie entweder einen Grill mit seitlichem Glutbett oder spezielle Roste mit einer Fett-Abtropf-Wanne. Essen Sie keinesfalls verbrannte Teile. Dabei ist es egal, ob es sich um Fleisch, Würstchen, Fisch oder Gemüse handelt.

4. Die Hormonbehandlung von Tieren gerät immer wieder in die Schlagzeilen, regelmäßig werden neue Skandale aufgedeckt. Dann werden zwar ganz schnell neue Gesetze formuliert, die jedoch stets Lücken aufweisen. Und die wiederum werden flugs ausgenutzt. Letzten Endes wissen wir als Verbraucher, wenn wir Fleisch essen, so gut wie nie, wie viel und welche Art von Hormonen wir gleichzeitig ungewollt damit verspeisen.

5. Ein seit Jahrzehnten diskutiertes Thema sind die Nitrosamine und Nitrite. Sie gelten schon lange als stark krebserzeugende Substanzen. Nitrate sind wasserlösliche Salze und an sich ungefährlich. Durch Bakterien werden sie leicht in Nitrite umgewandelt, aus denen die gefährlichen Krebs fördernden Nitrosamine entstehen. Besonders hohe Nitratmengen finden wir in gepökelten Fleisch- und Wurstwaren, und das sind immerhin rund 95 Prozent aller Fleisch- und Wurstprodukte.
Diese Nahrungsmittel werden mit Nitritsalzen auf »schön« getrimmt. Sie erhalten durch das Pökeln die fürs Auge angenehme rote Färbung. Außerdem verlängert man auf diese Weise die Haltbarkeit. Nach dem Pökeln wird ein Teil der Fleischwaren zu Konservierungszwecken zusätzlich geräuchert. Dabei gelangen leicht zwei weitere Karzinogene ins Fleisch: die bereits erwähnten Benzpyrene und Formaldehyd. Zu den Räucherwaren gehören Schinken und Speck aller Art. Sie sollten als Grillgut also keinesfalls gepökeltes Fleisch verwenden, sonst holen Sie sich gleich die doppelte Krebsgefahr ins Haus.

tipp

Bei der Zubereitung von Fleisch ist darauf zu achten, dass nichts anbrennt. Schwarze Stellen sollten Sie keinesfalls mitessen, da sie karzinogen sind. Verzichten Sie ebenfalls darauf, gepökeltes Fleisch zu grillen, sonst erhöhen Sie die Krebsgefahr um ein Vielfaches.

Auch Käse wird mit Nitraten behandelt. Laut Käseverordnung darf aber nur dem Schnittkäse Natriumnitrat oder Kaliumnitrat zugesetzt werden. Zu den Schnittkäsen gehören z.B. Tilsiter, Edamer und Gouda. Der Käse darf nicht vor Ablauf von vier Wochen nach der Herstellung verkauft werden. Während der Reifung sinkt der Nitratgehalt ab. Allerdings nur, wenn der Käse nicht in einer Folie reift. Dann nämlich ist keine nennenswerte Abnahme zu verzeichnen. Fragen Sie Ihren Käseverkäufer, ob der Käse in Folie gereift wurde oder nicht. Der muss das nämlich wissen.

Nitrat findet man nicht nur im Fleisch sondern auch in Gemüse. Manche Gemüsesorten sind regelrechte Nitratsammler.

Nitrat findet sich außerdem in Gemüsesorten. Lassen Sie mich deshalb noch bei diesem Thema bleiben. Durch den Einsatz von Düngemitteln wie Stickstoffdünger und Gülle gelangen große Mengen Nitrat in den Boden und folgerichtig auch ins Gemüse. Insofern können wir diesen Substanzen kaum entgehen. Manche Gemüsesorten nehmen besonders viel Nitrat auf, sie sind regelrechte Sammler, beispielsweise Spinat, Kopfsalat, Feldsalat, Rettich oder als Obst der Rhabarber. Insofern gereicht es uns zum Nachteil, dass wir heute rund ums Jahr alle möglichen Obst- und Gemüsesorten zur Verfügung haben, die in Treibhäusern und riesigen Hallen unter künstlich erzeugten klimatischen Verhältnissen heranreifen und entsprechend gedüngt werden müssen. Es ist allemal besser, Obst und Gemüse aus kontrolliertem ökologischen Anbau zu kaufen, und sich nach den jeweiligen Saisonzeiten zu richten. Essen Sie Blumenkohl beispielsweise nur von Mai bis November, wenn er Saison hat. Oder Brokkoli von Januar bis März und nochmal im November und Dezember. In der Zwischenzeit können Sie problemlos auf andere Gemüsesorten ausweichen. Falls Sie auch außerhalb der Saison auf manches Gemüse partout nicht verzichten wollen, können Sie auch Tiefkühlprodukte kaufen. Achten Sie dann aber ebenfalls darauf, dass das Gemüse aus ökologischem Anbau stammt.

Was den Fleisch- und Wurstkonsum angeht, sollten Sie ihn auf zwei- bis dreimal pro Woche beschränken. Die Deutsche Gesellschaft für Ernährung hält 300 bis 600 g Fleisch und Wurst wöchentlich für akzeptabel. Und wenn Sie an der Currywurstbude nicht vorbeigehen können, gönnen Sie sich die kleine »Sünde«. Falls die schnelle Wurst jedoch zu ihrem ständigen Repertoire gehört, sollten Sie die Besuche an der Imbissbude reduzieren. Machen Sie aus dem täglichen »Sündenfall« nur noch einen oder zwei in der Woche, dann alle zwei Wochen einen, und schließlich nur noch hin und wieder einen, wenn Sie einen riechtigen »Jieper« darauf haben. Wetten, irgendwann werden Sie Curry und Co. gar nicht mehr vermissen?

Das gleiche gilt für Süßigkeiten. Hin und wieder ja. Aber bitte nicht zur täglichen Gewohnheit machen. Süße Sachen sind fett. Fett macht dick. Und Übergewicht erhöht die Krebsgefahr. In einem späteren Abschnitt erfahren Sie noch mehr darüber.

Öfter mal Fisch statt Fleisch

Ein wichtiger und besonders delikater Ersatz für Fleisch sind Fisch und Meeresfrüchte. Zwar enthalten sie keine sekundären Pflanzenstoffe, dafür aber Vitamine, die Spurenelemente Jod und Selen sowie Fischöle, bei denen insbesondere der Omega-3-Fettsäure ein Schutz vor Darmkrebs zugeschrieben wird. Grundsätzlich sollten Sie einmal pro Woche ein Fischgericht auf den Tisch bringen, zweimal wäre natürlich noch besser.

- **Fleisch ist ein großer Fettlieferant. Fett zählt zu den Krebspromotoren, deshalb ist Vorsicht geboten.**
- **Beschränken Sie Ihren Fleischkonsum auf 80 g am Tag und essen Sie rotes Fleisch nicht öfter als zweimal wöchentlich. Bevorzugen Sie Wild und Geflügel.**
- **Meiden Sie Gepökeltes, da hier große Mengen an Nitrat enthalten sind, die sich im Körper in Krebs erregende Nitrosamine verwandeln.**
- **Fisch ist ein guter Ersatz für Fleischgerichte. Essen Sie ihn ein- bis zweimal pro Woche.**

Antioxidantien – die richtige Menge macht's

Im Abschnitt »Vitamine und weitere Radikalfänger« habe ich Ihnen die folgenden vier Radikalfänger bereits vorgestellt. An diese Stelle geht es nun darum, wie viel man idealerweise von jedem von ihnen aufnehmen sollte, um sich einen wirksamen Krebsschutz »anzuessen«.

Selen steckt in leckeren Lebensmitteln

Das Spurenelement Selen, das als Antioxidans beeindruckt, ist vorwiegend in Meeresfrüchten wie Hummer und Garnelen sowie in Seefischen vorhanden. Aber auch in Gemüse finden Sie das Spurenelement: Kohlrabi, Sojabohnen, weiße Bohnen, Tomaten, Rot- und Weißkraut. Ernährungswissenschaftler empfehlen eine tägliche Selenzufuhr von 30 bis 70 µg. Da der Selengehalt im Gemüse sehr stark von der Bodenbeschaffenheit und den Düngemethoden abhängt, sollten Sie Ihr Gemüse möglichst aus biologischem Anbau kaufen. Dann können Sie beispielsweise mit einer Portion Weißkraut von 150 g Ihren kompletten Tagesbedarf an Selen decken oder mit 60 g Sojabohnen, 200 g Kohlrabi, 2 kg Tomaten, 1200 g Rotkohl oder mit 100 g weißen Bohnen. Bei den Fischsorten stehen der Bückling und Hering mit jeweils 140 µg Selen pro 100 g an der Spitze, gefolgt von Thunfisch (130 µg), Sardine (85 µg), Scholle (65 µg) und Rotbarsch (44 µg). Falls Sie sich einmal etwas Besonderes gönnen wollen: 100 g Hummer enthalten 130 µg und 100 g Garnelen 41 µg Selen. Dann haben wir noch Kokosnüsse, Pistazien und Paranüsse als Selenlieferanten. Die Kokosnuss schlägt sie alle mit einem Selengehalt von 810 µg pro 100 g, dann kommen Pistazien (450 µg) und Paranüsse (100 µg).

Vitamin C – Viel hilft nicht viel

Über das Wieviel bei diesem Vitamin streiten sich die Gelehrten im Grunde seit seiner Entdeckung. Als Begründer des Mottos »Viel hilft viel!«, was in der Medizin nicht immer gern gesehen wird und auch in der Tat nicht immer Bestand hat, gilt der amerikanischen Biochemiker und zweifache Nobelpreisträger Linus Pauling. Der auch als »Vitamin-Papst« bekannt gewordene Pauling nahm jahrzehntelang täglich 12 Gramm (!) und mehr Vitamin C zu sich. Allerdings in Form von Pulver. Offensichtlich bekam ihm das gut, der Mann wurde immerhin 92, war körperlich und geistig fit und reiste bis zum Schluss durch die Welt, um Vorträge zu halten.

Zu einer solch hohen täglichen Vitamin-C-Gabe mochten sich allerdings bislang die anderen Wissenschaftler nicht durchringen. Nicht einmal die Amerikaner, die gerne üppig dosieren, wollten Paulings Empfehlung folgen. Der amerikanische Wissenschaftler Dr. Kenneth Cooper, der als Antioxidantienforscher bekannt ist, setzt die Tagesration an Vitamin C auf 500 bis 3000 mg fest. Er macht die Höhe an den sportlichen Aktivitäten fest. Je mehr Sport jemand treibt, desto mehr Vitamin C sollte er nach Coopers Ansicht aufnehmen. Seine Begründung: Durch körperliche Aktivität entsteht ein erhöhter Sauerstoffbedarf, was die vermehrte Bildung von Freien Radikale zur Folge hat. Mehr Vitamin C bedeutet mehr Antioxidantien, die gegen die Freien Radikale vorgehen können.

Doch nicht nur sportliche Aktivitäten erfordern eine höhere Vitamin-C-Zufuhr. Auch bei Stress aller Art (sei er beruflicher, privater oder schulischer Natur), nach operativen Eingriffen, Frauen, die die Pille nehmen, während der Schwangerschaft und Stillzeit und Raucher – in all diesen Fällen haben Sie einen erhöhten Vitamin-C-Bedarf.

Deshalb wirkt die Empfehlung der Deutschen Gesellschaft für Ernährung von 100 mg Vitamin C pro Tag geradezu »knausrig«. Und ich denke, bei diesem Vitamin können und sollten Sie noch etwas nachschieben und auf 200 bis 300 mg pro Tag gehen. Allerdings plädiere ich auch hier für Natur und nicht für Tabletten- oder Pulverform.

Wenn Sie dennoch zu Vitamin-C-Supplements (Nahrungsergänzung) greifen und eine höhere Dosierung nehmen, kann es unter Umständen zu Durchfall kommen. Das ist nicht weiter dramatisch. Reduzieren Sie einfach die Dosis. Ansonsten gibt es keine Nebenwirkungen. Trotzdem hilft viel in diesem Fall wirklich nicht viel. Vitamin C ist wasserlöslich und jeglicher Überschuss wird vom Körper ungenutzt

tipp

Grundsätzlich rate ich von Nahrungsergänzungsmitteln ab. Es ist sinnvoller, Vitamine in ihrer natürlichen Form zu sich zu nehmen, das heißt als Obst und Gemüse.

ausgeschieden. Es hat also wenig Sinn, endlos Vitamin C zu schlucken, wenn es der Körper sowieso nicht verwerten kann. Es ist aber richtig, in Stresssituationen dem Körper mehr davon zu geben, weil er auch mehr verbraucht.

In welcher Form Sie Vitamin C auch immer zu sich nehmen, wichtig ist, dass es über den Tag verteilt geschieht. Untersuchungen haben gezeigt, dass bei einer Einmaldosis nur ein geringer Prozentsatz des Vitamins tatsächlich verwertet werden kann. Bei einer einmaligen Aufnahme von 5 g Vitamin C wird beispielsweise nur 1 g im Darm resorbiert. Verteilt man die gleiche Menge jedoch auf fünf Portionen, erreicht man immerhin eine Ausbeute von 80 Prozent.

tipp

200 bis 300 mg Vitamin C pro Tag sollten es schon sein, zumal der Körper davon bestenfalls nur rund 80 Prozent verwerten kann.

Auch Linus Pauling plädierte für die Mehrfachaufnahme, um im Körper den ganzen Tag einen gleichbleibenden Vitamin-Spiegel zu erreichen. Bei einer Tagesdosis von 200 bis 300 mg pro Tag, wie ich sie empfehle, verfügt der Körper bei einer 80-prozentigen Verwertung über 160 bis 240 mg, wenn das Vitamin C in fünf Portionen aufgenommen wird. Und das ist immer noch mehr, als die DGE-Empfehlung. Bei 100 mg pro Tag hätte der Körper nämlich nur 80 mg zur Verfügung, und das ist entschieden zuwenig.

Folgende Obst- und Gemüsesorten sind mit besonders viel Vitamin C gesegnet: Schwarze Johannisbeeren haben 175 mg, Kiwis 100 mg, Papayas 80 mg, Erdbeeren 65 mg, Zitronen 55 mg, Orangen 50 mg, Grapefruits 40 mg, Äpfel 12 mg.

Beim Gemüse: Paprika 140 mg, Brokkoli 115 mg, Grünkohl 105 mg, Fenchel 95 mg, Blumenkohl 75 mg, Kohlrabi 65 mg, Wirsing 45 mg. Die Angaben beziehen sich jeweils auf 100 g Obst bzw. Gemüse.

Beta-Carotin – 20 mg täglich gegen Freie Radikale

Ähnlich wie beim Vitamin C gibt es beim Beta-Carotin, auch Provitamin A genannt, weil es eine Vorstufe von Vitamin A ist, unterschiedliche Empfehlungen über die ideale tägliche Aufnahmemenge. Das National Cancer Institute der USA gibt 6 mg an, die Deutsche

Gesellschaft für Ernährung empfiehlt 2 bis 4 mg pro Tag. Dr. Kenneth Cooper rät bis zu 30 mg täglich.
Da das Beta-Carotin ein erfolgreicher Jäger Freier Radikale ist, liegen Sie mit einer durchschnittlichen Aufnahme von 10 bis 20 mg gut im Rennen. Überdosierungsprobleme brauchen Sie nicht zu befürchten, solange Sie nicht zu Vitaminpräparaten greifen.
Besonders hohe Konzentrationen weisen Süßkartoffeln und Möhren auf. 100 g Süßkartoffeln enthalten 10 mg Beta-Carotin. 100 g Karotten (das entspricht etwa einer einzigen mittelgroßen Möhre) 7,9 mg. Es folgen Grünkohl mit 4,7 mg, Spinat mit 4,1 mg, Aprikosen mit 3,5 mg, Kürbis mit 3,1 mg und rosa Grapefruit mit 1,1 mg.

Vitamin E – der Radikalfänger mit Fettgehalt

Auch bei diesem Vitamin scheiden sich wieder einmal die wissenschaftlichen Geister. Es gibt eine Empfehlung, die sich ausdrücklich auf die Krebsprävention bezieht und eine Tagesdosis von 60 bis 100 mg vorsieht. Die empfohlene Tagesmenge der Deutschen Gesellschaft für Ernährung liegt dagegen nur bei 15 mg. Bis zu 1200 mg pro Tag rät Dr. Kenneth Cooper, der jedoch meiner Ansicht nach mit dieser Mengenangabe weit übers Ziel hinausschießt.
Denn immerhin man muss berücksichtigen, dass Vitamin E vor allem in sehr fetthaltigen Nahrungsmitteln steckt. Und wenn Sie Ihren Bedarf auf Dauer decken, indem Sie ohne Ende Nüsse knabbern oder eine Avocado nach der anderen essen (die zugegebenermaßen sehr lecker sind, aber 450 Kalorien pro 200 g enthalten), geht der Kalorienumsatz rasch in die Höhe und Ihr Körperumfang wird sich unerwünschterweise vergrößern.
Während die DGE eine Tagesdosis von 15 mg empfiehlt und andere Wissenschaftler als Krebsprävention 60 bis 100 mg vorsehen, dann liegen Sie meiner Meinung nach in einem Bereich, der Ihnen einen guten Krebsschutz bietet, wenn Sie eine Tagesdosierung von etwa 50 mg erreichen. Zumal man auch berücksichtigen muss, dass es ja gar nicht so einfach ist, so viel Vitamin E auf natürlichem Wege aufzunehmen. Und von Nahrungsergänzungsmitteln rate ich aus bekannten Gründen ab. Außerdem gehört Vitamin E zu den fettlöslichen Substanzen, und die kann der Körper in großen Teilen speichern.

Benutzen Sie deshalb zum Braten, Dünsten und für Ihre Salatsoßen oder Rohkostmarinaden immer Pflanzenöle, die ja allesamt Vitamin E enthalten. Und wie Sie gleich sehen werden, sogar recht viel: Spitzenreiter ist das Weizenkeimöl, 1 Esslöffel davon hat immerhin 20,3 mg Vitamin E, 1 Esslöffel Sonnenblumenöl 6,1 mg, 1 Esslöffel Distelöl 4,6 mg, 1 Esslöffel Maiskeimöl 1,9 mg, und das Olivenöl bildet mit 1,3 mg Vitamin E pro Esslöffel das Schlusslicht.

Sehr empfehlenswert ist Olivenöl dennoch für den täglichen Gebrauch. Und zwar nicht nur wegen des Vitamin-E-Anteils, auch wenn er eher gering ist, sondern wegen der Zusammensetzung seiner Fettsäuren. Mit diesem Thema haben Sie im Abschnitt »Zu viel des Guten – unsere Fettzufuhr« Bekanntschaft gemacht. Olivenöl besteht bis zu 75 Prozent aus einfach ungesättigten Fettsäuren, die wesentlich gesünder sind als die gesättigten, weil sich die gesättigten Fettsäuren schneller als Fettpolster im Körper niederschlagen.

Außerdem ist in den Mittelmeerländern die Brustkrebsrate niedriger als im übrigen Europa und die Epidemiologen vermuten, dass dies der positiven Wirkung des Olivenöls zuzuschreiben ist. Zwei voneinander unabhängige Studien in Griechenland und Spanien kamen in ihren Untersuchungen zum gleichen Ergebnis: Frauen, die zweimal täglich oder öfter Olivenöl auf ihrem Speiseplan hatten, erkrankten seltener an Brustkrebs. Im Tierversuch mehren sich die Hinweise, dass das Öl auch vor Darmkrebs schützen kann.

Achten Sie aber beim Kauf unbedingt auf Qualität. Verwenden Sie nur kaltgepresste Öle der ersten Pressung, die als »Olio extra vergine di Oliva« bezeichnet werden, was in der Regel auch in italienischer Sprache auf unseren Ölflaschen so zu lesen ist. Manchmal sind die Bezeichnungen auch leicht abgewandelt. Wichtig ist, dass »1. Pressung« und »kaltgepresst« draufsteht. Lassen Sie sich nicht von der sehr gängigen Bezeichnung »reines Olivenöl« verleiten. Das heißt zwar, dass das Öl ausschließlich aus Oliven hergestellt wurde. Über die Qualität sagt diese Etikettierung jedoch nichts aus. Es könnte sich durchaus um raffiniertes,

tipp

Beim Olivenölkauf sollten Sie nur beste Qualität wählen, auch wenn's etwas teurer wird. Achten Sie darauf, dass auf der Flasche »1. Pressung« und »kaltgepresst« steht.

also gereinigtes Öl handeln, das mit kaltgepresstem Olivenöl vermischt wurde. Solche Mixturen sind natürlich billiger im Handel. Doch es lohnt sich nicht, hier zu sparen.

Es gibt noch eine ganze Reihe weiterer Nahrungsmittel, von denen kaum bekannt ist, dass Sie Vitamin-E-Lieferanten sind. Zum Beispiel Paprika: 100 g enthalten immerhin 2,5 mg. Bekannter ist die Avocado, die pro 100 g ihre 3 mg liefert. Und dann zwei wirkliche Überraschungen: 100 g Schwarzwurzeln bieten Ihnen 6 mg und 100 g Erbsen 5,1 mg Vitamin E! Selbst Weißkohl, Rotkohl und Grünkohl sind mit jeweils 1,7 mg (immer pro 100 g) dabei, Spinat hat 1,4 mg und auch der Spargel bringt es ebenfalls auf 1,4 mg Vitamin E pro 100 g. Nicht zu vergessen Nüsse, Samen und Kerne: Von jeweils 100 g liefern Ihnen Haselnüsse 27 mg Vitamin E, Mandeln 25 mg, Paranüsse 10 mg, Leinsamen 57 mg und Sonnenblumenkerne 22 mg.

- **Viel hilft nicht immer viel. Das gilt auch für das wasserlösliche Vitamin C, das nur zu einem bestimmten Prozentsatz vom Körper aufgenommen wird. Der Rest wird ausgeschieden.**
- **Wegen der besseren Verwertung sollte die Aufnahme der Vitamine über den Tag verteilt werden, am besten auf fünf Portionen. Das kommt dem Programm »Fünf am Tag« entgegen.**
- **Ob Vitamine oder Mineralien: Nehmen Sie alles in seiner natürlichen Form auf. Nahrungsergänzungsmittel haben nie den Effekt, den die natürlichen Substanzen im Körper erzielen, und sie können sogar die Gesundheit schädigen, weil einige Vitamine bei zu hoher Dosierung im Körper angereichert werden.**

Hätten Sie gedacht, dass auch Pilze Vitamin E enthalten? In je 100 g Morcheln und Steinpilzen sind 3,1 mg zu finden, in Pfifferlingen 2,1 mg und in Champignons 1,9 mg. Auch aus dem Wasser kommen gute und vor allem sehr gesunde Vitamin-E-Lieferanten. So bieten je 100 g Seelachs 3,3 mg, Regenbogenforelle 1,7 mg, Makrele 1,6 mg, Hering und Zander je 1,5 mg, Rotbarsch 1,3 mg und Thunfisch 1,2 mg Vitamin E.

Kräftig würzen mit Antipromotoren

Bei den Kräutern und Gewürzen verzichte ich auf Mengenangaben, da die Verwendung fast immer eine Geschmacksfrage ist. Die einen mögen keinen Dill, die anderen rümpfen bei Majoran die Nase, und wieder andere verziehen das Gesicht bei Meerrettich. Schließlich muss jeder für sich entscheiden, welches Kraut und welches Gewürz er für welches Gericht verwendet. Insofern sollten Sie nur das nehmen, was Ihnen auch wirklich schmeckt. Damit dürfen Sie dann aber kräftig würzen.

Wichtig ist vor allem, dass Sie Ihren Salzkonsum einschränken und stattdessen häufiger zu den Kräutern und Gewürzen greifen, die so wirken, wie es das Salz nicht kann: als Antipromotoren. Die Auswahl ist groß. An Kräutern stehen Ihnen Basilikum, Dill, Kresse, Majoran, Oregano, Petersilie, Zitronenmelisse, Liebstöckel, Lorbeer, Thymian, Rosmarin und Schnittlauch zur Verfügung. An Gewürzen bieten sich Anis, Curcuma (Gelbwurz), Ingwer, Kümmel, Meerrettich, Muskatnuss, Paprika, Pfeffer, Senf und Zimt an.

Der Körper braucht Salz, aber nicht so viel

Seit Jahren predigen die Ernährungswissenschaftler, sparsamer mit Salz umzugehen. Wenn von Salz in unserer Nahrung die Rede ist, dann ist immer Kochsalz (auch als Natriumchlorid, NaCl bekannt) gemeint, und aus unseren Küchen ist es kaum wegzudenken. Dabei ist Salz gar kein Gewürz, sondern rangiert eher unter der Rubrik Geschmacksverstärker und hat somit im Grunde gar keine Daseinsberechtigung im Gewürzregal.

Doch genauso wie Fett benötigt der menschliche Organismus eine gewisse Menge an Kochsalz, da es eine ganze Reihe wichtiger Aufgaben erfüllt. Salz ist in der Lage, Wasser zu binden, und es sorgt innerhalb und außerhalb der Zellen für die Regulierung des Wasserhaushalts. In unserem Körper schwimmen ständig rund 200 g Kochsalz. Da wir täglich Flüssigkeit ausscheiden, gehen damit auch Salze verloren. Die Speicher müssen also wieder aufgefüllt werden. 3 bis maximal 5 g täglich an Kochsalz sind notwendig. Die Realität sieht leider anders aus. Wir sind hoffnungslos versalzen, denn mit unserer täglichen Nahrung nehmen wir 30 g Kochsalz und mehr auf, also ein Vielfaches dessen, was unser Körper benötigt und verkraftet. Zum einen treibt der hohe Salzgehalt in der Nahrung den Blutdruck in die Höhe, was Folgeerkrankungen wie Herzinfarkt, Schlaganfall oder Nierenversagen mit sich bringt. Zum anderen können stark gesalzene Speisen zur Entstehung von Krebs in der Mundhöhle und im Magen beitragen. Trifftige Gründe also, das Salzfass außer Reichweite zu stellen.

Etwa 5 g Kochsalz benötigt unser Körper pro Tag. Die meisten von uns nehmen aber täglich 30 g und mehr zu sich.

So wie es »versteckte Fette« gibt, müssen Sie auch mit »versteckten Salzen« rechnen. Sie stecken in Brot- und Backwaren, in Fleisch, Wurst, Käse und Quark, in Konserven aller Art und in allen Fertigprodukten.

Sie sehen also, so richtig entgehen können Sie dem Salzverbrauch nicht. Deshalb sollten Sie bei der Auswahl der Nahrungsmittel kritisch sein und in der heimischen Küche eben öfter mit jenen Gewürzen operieren, die Sie als Antikarzinogene kennen gelernt haben, wie Pfeffer, Basilikum, Petersilie, Dill, Kerbel, Zitronenmelisse. Sie werden übrigens mit der Zeit feststellen, dass eine Salzreduktion Ihre Geschmacksknospen verfeinert und Sie Duft und Geschmack von Nahrungsmitteln sehr viel intensiver wahrnehmen. Salz übertüncht nämlich so manches wundervolle Aroma.

Übrigens: Wenn Sie Salz verwenden, dann sollte es auf jeden Fall nur jodiertes Speisesalz sein! So ist eine ausreichende Jodversorgung gewährleistet und Sie beugen einer Kropfbildung vor.

auf den punkt gebracht

- Wir essen entschieden zu salzig. Statt der empfohlenden Menge von 5 g pro Tag, versalzen wir uns mit 30 g und mehr täglich.
- Stark gesalzene Speisen tragen zur Entstehung von Mundhöhlen- und Magenkrebs bei.
- Verwenden Sie statt Salz großzügig Kräuter und andere Gewürze. Achten Sie auf versteckte Salze in Nahrungsmitteln und greifen Sie immer zu jodiertem Speisesalz beim Einkaufen.

Wieviel Süßes darf der Mensch?

Ich habe das Thema Süßigkeiten an früherer Stelle bereits angeschnitten. Zucker ist neben Fett und Salz der Dritte im Bunde, von dem wir zu viel aufnehmen. Gehören Sie zu denjenigen, die ihre Finger nicht von Süßigkeiten lassen können? Oder sind Sie an Schokolade und Co. eher desinteressiert? Ich will es Ihnen nicht verwehren, hin und wieder zu naschen. Aber eben bitte nur hin und wieder. Über kaum ein anderes Nahrungsmittel, das, wie wir gleich sehen werden, gar keins ist, gibt es so viele Streitereien. Zucker macht krank, macht dick, zerstört die Zähne, macht süchtig, ist ein Vitaminräuber – so lauten die Attacken auf die unscheinbaren weißen Kristalle. Aber ebenso wie das Salz ist der Zucker Bestandteil unserer Küche.

Im Gegensatz zu Salz und Fett benötigt unser Körper überhaupt keinen Zucker.

Im Gegensatz zum Salz und Fett benötigen wir den Zucker jedoch überhaupt nicht. Und die Vorwürfe, die gegen den Zucker erhoben werden, sind berechtigt. Er ist ein Vitamin- und Mineralstoffräuber, da er dem Körper im Stoffwechselprozess diese wertvollen Substanzen wegnimmt. Dass Zucker die Zähne zerstört, wird von niemandem bestritten, dass er süchtig macht ist auch nicht von der Hand

zu weisen, wenn man bedenkt, dass es Menschen gibt, die sich täglich mit Unmengen Schokolade, Keksen und Kuchen vollstopfen. Die logische Konsequenz daraus: Zu viele überflüssige Kilos. Das aber gilt es zu verhindern, denn Übergewicht hat Folgen.
Doch mit der Zuckerreduktion ist das so eine Sache, wenn man aus der Statistik erfährt, dass der deutsche Bundesbürger im Durchschnitt 25 Teelöffel Zucker täglich zu sich nimmt. Nicht bewusst selbstverständlich, denn Zucker verbirgt sich nahezu überall. Zuerst natürlich in süßen Nahrungsmitteln wie Kuchen, Keksen, Schokolade, Nougatcremes, Fruchtjoghurt, Puddingpulver, Fertigmüslis. Auch Getränke wie Limonade, Coca Cola und Liköre sind nicht ohne, Fruchtnektare und Fruchtsaftgetränke enthalten noch zusätzlichen Zucker. Das geht bis hin zu nichtsüßen Nahrungsmitteln, bei denen wir gar nicht gleich auf die Idee kommen, dass da überhaupt Zucker drin sein könnte. Er ist also wieder einmal »versteckt«, und zwar in Ketchup, Fertigsaucen für Salate, angemachtem Rotkohl, Senf oder Multivitaminpräparaten, um nur einige Beispiele zu nennen.
Deshalb auch hier der Rat, wie bei Salz und Fett: Achten Sie beim Einkauf sorgfältig auf die Zuckerangaben. Kaufen Sie statt zuckergesüßtem Dosenobst solches ohne Zuckerzusatz. Es werden zahlreiche zuckerfreie Produkte angeboten, und die schmecken keineswegs schlechter, denn das Ursprungsprodukt kommt entsprechend besser zur Geltung.
Trotzdem will ich Ihnen die Freude an einem Stück Obstkuchen, einem Stück Schokolade oder meinetwegen auch einem Stück Torte nicht vergällen. Aber bitte nicht täglich. Machen Sie es wie früher. Diese herrliche Sahnetorte gab es nur zu Tante Adeles Geburtstag und jeder bekam nur ein Stück. Und da Tante Adele nur einmal im Jahr Geburtstag hat ...
Noch besser wäre es freilich, Sie würden zu Obst greifen, wenn Sie der Heißhunger nach etwas Süßem überfällt. Köstliche Erdbeeren zum Beispiel oder eine Banane oder Ananas oder, oder, oder... Sehr gut geeignet ist auch Trockenobst wie Datteln und Feigen, das nicht nur den Hunger nach Süßem stillt, sondern auch noch die Verdauung fördert.

auf den punkt gebracht

- Unser Zuckerkonsum ist viel zu hoch. Zumal der Körper, im Gegensatz zu Fett und Salz, dieses Würzmittel nicht benötigt.
- Seien Sie kritisch beim Einkauf. Entscheiden Sie sich für zuckerfreie oder zuckerreduzierte Produkte.
- Wenn Sie naschen wollen, greifen Sie zu Obst oder Trockenfrüchten.

Nüsse und Ölsaaten

Erdnüsse, Pecanüsse, Kokosnüsse und Walnüsse gehören zum Schalenobst, Sesam, Leinsamen, Sonnenblumenkerne zählen zu den Ölsaaten. So, wie sie hier aufgezählt sind, sind sie allesamt gesund, antikarzinogen und enthalten Vitamin E – trotzdem kann ich nicht guten Gewissens raten: Schlagen Sie zu, essen Sie davon, so viel Sie möchten. Denn, Sie ahnen es bereits, diese herrlichen Leckereien sind nicht ganz ohne, nämlich nicht ohne Kalorien. Trotzdem ist es natürlich allemal gesünder, abends vor dem Fernseher anstatt Chips ein paar ungesalzene Nüsse zu knabbern und morgens das Müsli mit Sonnenblumenkernen und Leinsamen anzureichern, anstatt eine Scheibe Weißbrot zu mümmeln.
Trotzdem sollten Sie sich des Kaloriengehalts bewusst sein: So enthalten je 50 g Erdnüsse 300 kcal, Walnüsse 330 kcal, Pecanüsse 360 kcal und Kokosnuss 190 kcal. Kaum moderater sieht es bei Sesamsamen aus, die mit 290 kcal pro 50 g daherkommen, und bei Leinsamen mit 200 kcal pro 50 g. Die gleiche Menge Sonnenblumenkerne bringt 290 kcal.

Wichtig für den Nüsse-Einkauf: Achten Sie unbedingt auf gute Qualität und untersuchen Sie die Ware auf Schimmel. Sonst erreichen Sie genau das Gegenteil: Statt antikarzinogener Nahrungsmittel kaufen Sie womöglich karzinogene. Denn Schimmel enthält den Krebs erregenden Stoff Aflatoxin, der zu den stärksten in der Natur vorkommenden Giften gerechnet wird. Deshalb ist es so wichtig, dass Sie nicht nur bei Nüssen rigoros wegwerfen, was angeschimmelt ist, sondern auch bei allen anderen Lebensmitteln. Besonders schimmelgefährdet sind Backwaren, Obst, Gemüse und Milchprodukte. Also bitte: Nicht großzügig darüber hinwegsehen oder wegschneiden, sondern großzügig wegwerfen! Ihrer Gesundheit zuliebe.

> **tipp**
>
> **Schimmel enthält Aflatoxine, das sind hochgradig krebserregende Stoffe. Werfen Sie verschimmelte Lebensmittel aus Sicherheitsgründen immer weg.**

Milchprodukte

Bitte ja, und zwar sollten Sie reichlich vor allem fermentierte Milcherzeugnisse täglich auf den Tisch bringen, genau wie Obst und Gemüse. Schließlich sind fermentierte Produkte, also mit Milchsäurebakterien versetzte, Sie wissen es bereits, Antikarzinogene erster Güte. Unter Fermentierung versteht man die Haltbarmachung von Lebensmitteln unter Zusatz von bestimmten Mikroorganismen, den Milchsäurebakterien. Diese Art der Haltbarmachung ist schon seit Jahrhunderten bekannt. Wie wichtig diese Lebensmittel für unsere Gesundheit sind, insbesondere der Joghurt, wurde allerdings erst Anfang des 20. Jahrhunderts von Ernährungswissenschaftlern so richtig wahrgenommen.

Fermentierte Produkte gelten außerdem als besser verträglich, weil darin die blähenden Substanzen der Milch abgebaut wurden. Joghurt, Kefir, Dickmilch sowie Sauerkraut und die so genannten milchsauer vergorenen Getränke wie Karotten- und Rote-Bete-Saft und Brottrunk sind alle mit den gesunden Milchsäurebakterien durchsetzt.

Ihre positive Wirkung können die Milchsäurebakterien aber nur entfalten, wenn sie regelmäßig aufgenommen werden. Essen Sie täg-

lich etwa 250 g Joghurt. Am besten naturrein, ohne Früchtezusätze, weil Fruchtjoghurts auch viel Zucker enthalten. Etwas anderes ist es natürlich, wenn Sie Ihrem Joghurt frische Früchte untermischen. Beachten Sie beim Kauf, dass auf dem Becher oder Glas »rechtsdrehende Milchsäure« steht (das ist die besser verwertbare) und dass dem Produkt lebende Milchsäurebakterien zugesetzt sind. Beim Joghurt sind es meistens der Lactobacillus bulgaricus und Streptococcus thermophilus.
Essen Sie zwei- bis dreimal wöchentlich Sauerkraut und trinken Sie, wenn Sie mögen, Karotten- oder Rote-Bete-Saft. Auch der Brottrunk ist empfehlenswert, wegen seines säuerlichen Geschmacks allerdings gewöhnungsbedürftig.

Pilze

Eines der wenigen Lebensmittel, das nicht täglich auf dem Speiseplan stehen muss, sind Pilze. Das hat zum einen damit zu tun, dass Pilze Saison haben und dadurch nicht ständig auf dem Markt vorhanden sind. Den aus Asien stammenden Shiitake-Pilz können Sie allerdings das ganze Jahr hindurch bekommen, da er sich hervorragend zum Trocknen eignet. Er ist recht lange langerfähig, ohne seine wertvollen Inhaltsstoffe zu verlieren. In Asienläden wird er deshalb das ganze Jahr angeboten. Frisch gibt es ihn, wenn auch bislang bei uns noch selten, im September, Oktober und November. Der Igelstachelbart (auch Affenkopfpilz genannt) könnte von September bis November geerntet werden, wenn er denn in Deutschland auch wirklich zu finden wäre. Obwohl er hier heimisch ist – normalerweise steckt er in den Höhlungen alter Laubbäume –, gibt es ihn nur selten. Nachdem aber die Wissenschaftler sich dieses vergessenen Pilzes annehmen und seine gesunden Inhaltsstoffe preisen, ist er inzwischen, wenn auch spärlich, im Handel erhältlich. Nachfragen beim Gemüsemann oder in Bioläden lohnen sich auf jeden Fall.

Tee, Kaffee oder Rotwein?

Kommen wir zum Schluss zu einem Thema, das sicherlich viele bewegt und an dem sich die Geister scheiden: die Getränke. Grüner Tee, schwarzer Tee, Rotwein und roter Traubensaft enthalten alles-

amt Antikarzinogene. Und nach neuesten wissenschaftlichen Studien reiht sich offenbar auch Kaffee in diese Riege ein.
Was den roten Traubensaft angeht, liegt es auf der Hand, dass dem Genuss mengenmäßig nach oben keine Grenzen gesetzt sind, solange Sie ungezuckerten Saft zu sich nehmen, versteht sich. Doch sowohl bei grünen als auch bei schwarzem Tee herrscht wieder einmal Uneinigkeit unter den Wissenschaftlern. Und zwar nicht nur, was die Menge angeht. Eine Gruppe von japanischen Wissenschaftlern hat kürzlich nach einer Untersuchung Zweifel angemeldet an der Wirksamkeit des grünen Tees gegen Magenkarzinome. Ob die Menschen täglich fünf oder eine Tasse trinken würden, habe an der Tumorhäufigkeit nichts geändert. Andere Begleitfaktoren wie Ernährung – hier spielt in Japan vor allem die stark salzhaltige Sojasauce eine Rolle – und Rauchen wurden bei dieser Untersuchung offenbar nicht berücksichtigt. Also handelt es sich wahrscheinlich wieder einmal eine Untersuchung, die man skeptisch betrachten sollte.
Zurück zu den Mengen. 10 Tassen Tee pro Tag seien mindestens nötig, behauptet die eine Gruppe der Wissenschaftler, um eine antikarzinogene Wirkung zu erzielen. Fünf Tassen reichen völlig aus, sagen die anderen. Dritte fürchten, dass die Gerbsäuren im Tee wertvolle Mineralstoffe im Körper unbrauchbar machen und plädieren deshalb für maximal drei Tassen täglich.

Achten Sie beim Tee auf seine Herkunft. Wählen Sie bevorzugt Ware aus ökologischem Anbau, denn die ist schadstoffarm.

Dazu kann ich nur sagen, trinken Sie, so viel Ihnen schmeckt, als passionierter Teetrinker werden Sie sowieso ein bestimmtes Limit haben und als Neuling tasten Sie sich vermutlich langsam an die für Sie in Frage kommende Menge heran. Wichtig ist jedoch grundsätzlich: Achten Sie auf gute Qualität und zahlen Sie dafür lieber ein paar Euro mehr. Denn in den Tees stecken leider nicht nur natürliche Bestandteile, sondern zum Teil auch Rückstände von Schadstoffen durch den Einsatz von Pflanzenschutzmitteln. Schadstoffarm sind Tees aus ökologischem Anbau sowie aus den Anbaugebieten in Darjeeling (Himalaya), Assam (Nordindien), Sri Lanka und Kenia.
Was den Kaffee angeht, gibt es noch keine gesicherte Erkenntnis darüber, wie viel präventiv wirkt. Es hat also keinen Sinn, literweise Kaffee zu schlürfen, in der Hoffnung, entsprechend viele Antioxidantien aufzunehmen. Diese dem Körper in Form von Obst und

Gemüse zuzuführen, ist allemal sinnvoller. Wer gerne Kaffee trinkt, sollte das ruhig weiter tun. Vier Tassen pro Tag sind vertretbar. Wer einen empfindlichen Magen hat, wird ohnehin zurückhaltend sein. Bekömmlicher ist Kaffee grundsätzlich mit Milch, da sie die Röstprodukte entschärft.

SO ESSEN SIE RICHTIG

✔ empfehlenswert ✦ nur in kleinen Mengen ✖ nicht empfehlenswert

✔ Obst, Gemüse, Rohkost, Salate ✔ Knoblauch, Zwiebeln ✔ Hülsenfrüchte ✔ Vollkornbrot, Vollkornnudeln, Vollkornreis ✔ Seelachs, Scholle, Rotbarsch ✔ Shiitake-Pilze ✔ Joghurt mit Milchsäurebakterien, Sauermilcherzeugnisse ✔ Magere Wurst- und Käsesorten ✔ Geflügel ✔ Grüner und schwarzer Tee, ungesüßte Obst- und Gemüsesäfte ✔ Olivenöl ✔

✦ Salz ✦ Zucker ✦ Fett ✦ Alkohol ✦ Rind-, Kalb- und Schweinefleisch ✦ Tierische Produkte ✦ Nüsse aller Art ✦ Kaffee ✦ Pizza ✦ Frittiertes ✦

✖ Geräucherte und gepökelte Fisch-, Fleisch- und Wurstwaren ✖ Innereien ✖ Paniertes ✖ Fette Wurst- und Käsesorten ✖ Fette Fischsorten ✖ Fette Milchprodukte ✖ Süßigkeiten aller Art ✖ Zuckerhaltige Getränke ✖ Harte alkoholische Getränke ✖ Weißmehlprodukte ✖ Weißer Reis ✖ Fertiggerichte ✖ Fast Food ✖

Wieviel Alkohol ist vertretbar?

Kommen wir von den Tee- zu den Weingenießern. Alkohol zählt, streng genommen, nicht zu den Nahrungsmitteln, sondern zu den Genuss- und Suchtmitteln. Trotzdem muss er hier Berücksichtigung finden. Denn wenn man den Energie- und Kalorienkonsum der Deutschen betrachtet, stellt man fest, dass acht Prozent der Gesamtkalorien in Form von Alkohol konsumiert werden. Unser Pro-Kopf-Verbrauch an reinem Alkohol pro Jahr liegt knapp unter zehn Litern. Insofern gerät Alkohol automatisch auf die Liste der Nahrungsmittel, ohne eines zu sein, da er kalorientechnisch eine nicht geringe Rolle spielt.

Zuviel Alkohol ist eindeutig schädlich. Doch gegen ein Glas Bier oder Wein hin und wieder ist nichts einzuwenden.

Es geht jedoch nicht nur um die Kalorien, sondern auch um die gesundheitliche Gefährdung durch Alkohol. Es ist erwiesen, dass erhöhter Alkoholkonsum das Risiko erhöht, an Brustkrebs zu erkranken. In groß angelegten Studien mit über 300 000 Teilnehmerinnen hat man herausgefunden, dass Frauen, die täglich mehr als 30 g Alkohol zu sich nehmen, ein um 41 Prozent höheres Brustkrebsrisiko haben. 30 g entsprechen in etwa zwei Flaschen Bier oder drei Gläsern Wein. Ähnliche Ergebnisse gibt es für Karzinome des Mund- und Rachenraums sowie der Speiseröhre und des Kehlkopfes.

Sowenig Alkohol wie möglich zu trinken, lautet deshalb die Empfehlung der Ärzte und Ernährungswissenschaftler. Insbesondere Frauen müssen vorsichtig sein, vor allem, wenn sie die Pille zur Verhütung oder Hormonpräparate gegen Beschwerden in den Wechseljahren einnehmen. Denn Frauen, die regelmäßig Alkohol trinken, weisen einen deutlich höheren Östrogenspiegel auf. Und das bedeutet wiederum ein erhöhtes Krebsrisiko.

Wie sieht das Limit denn nun aus? Was ist noch vertretbar und was nicht? In den USA hat das »Department of Human Health and Human Services« folgende Regelung aufgestellt, an die man sich auch hierzulande hält. Für Frauen gelten 12 g Alkohol pro Tag als Obergrenze, für Männer 24 g. Die unterschiedlichen Werte hängen damit zusammen, dass Frauen den Alkohol schlechter abbauen als Männer, insofern also weniger »vertragen« und entsprechend zurückhaltend sein sollten. Gedacht sind die Angaben für rundum gesunde Personen über 18 Jahre. Werdende Mütter sollten dem ungeborenen Kind zuliebe unbedingt ganz auf Alkohol verzichten.

Ein Glas Wein (1,5 dl) entspricht etwa 12 bis 15 g Alkohol, ein Glas Bier (3 dl) hat etwa 12 g, ein Glas Likör (0,5 dl) kommt mit 10 bis 14 g Alkohol daher und Branntwein mit 12 g (0,3 dl). Ein Glas Rotwein am Abend liegt also im Bereich des Vertretbaren.

Auf den Rotwein als Antikarzinogen ist man übrigens in einem ganz anderen Zusammenhang gekommen, den man das Französische Paradoxon nennt. Normalerweise ist die Rate an koronaren Herzerkrankungen in Ländern besonders hoch, in denen übermäßig viel Fett gegessen wird. Nicht so in Frankreich, insbesondere im Süden. Obwohl insgesamt sogar mehr Fett verzehrt wird als in Amerika, Deutschland oder England, leiden die Franzosen seltener an Herzerkrankungen. Das brachte die Ernährungswissenschaftler auf den Rotwein, der bei den Franzosen zum Essen traditionell dazugehört.

Die Entdeckung des Rotweins als Antikarzinogen ließ die Weinliebhaber natürlich jubeln.

Tatsächlich fanden die Forscher Flavonoide, die als Antioxidantien vor dem schädlichen LDL-Cholesterin schützen. Außerdem entdeckten sie große Mengen an Ellagsäure (sie gehört zu den Phenolsäuren), die antikarzinogen wirkt. Und schon war Rotwein als Antikrebsmittel entdeckt, was die Weinliebhaber natürlich freudig begrüßten. Auch der Weißwein liefert antikarzinogene Stoffe, doch nicht in der hohen Konzentration wie Rotwein. Die sehr wirksame Ellagsäure kommt ausschließlich in Brombeeren, Himbeeren, Erdbeeren, weißen und blauen Trauben, Walnüssen und Pecanüssen vor.

Was die Franzosen angeht, so dürfte der Rotwein allein für ihre vergleichsweise gute Gesundheit jedoch nicht ausschlaggebend sein. Insbesondere bei den Südfranzosen ist der gesamte mediterrane Speisezettel entscheidend, der viel Obst, Gemüse, Fisch, Knoblauch, aber etwas weniger Fleisch enthält. Ein Speisezettel, den ich Ihnen wärmstens empfehle.

auf den punkt gebracht

- **Rotwein enthält Antikarzinogene. Gegen ein Glas am Abend ist nichts einzuwenden.**
- **Übermäßiger Alkoholgenuss fördert die Entstehung von Krebserkrankungen. Insbesondere Frauen, die die Pille oder Hormonpräparate während der Wechseljahre nehmen, sind gefährdet.**
- **12 g reiner Alkohol sind bei Frauen die Obergrenze pro Tag. Das entspricht etwa einem Glas Wein mit 1,5 dl. Für Männer gelten 24 g als Limit, was etwa zwei Glas (1 Glas mit 3 dl) Bier entspricht.**

Der richtige Umgang mit Obst und Gemüse

Hier gilt die Devise: Auf Qualität und kurze Lagerzeit achten. Das heißt, beim Einkauf wirklich nach guter Qualität Ausschau zu halten. Auch wenn Sie manche Gemüse- und Obstsorten längere Zeit lagern können, sollten Sie insgesamt die Lagerzeit möglichst kurz halten. Kaufen Sie bevorzugt Produkte aus ökologischem Anbau, da in diesem Fall der Einsatz chemischer Pflanzenschutzmittel nicht erlaubt ist.

Einkaufen und Lagern

Natürlich wäre es am schönsten, Sie wären in der Lage, täglich frische Ware zu besorgen. Doch ich weiß aus eigener Erfahrung, dass das kaum durchführbar ist. Mit ein bisschen vorausschauender Planung ist es jedoch trotzdem möglich, immer frisches Obst und Gemüse im Haus zu haben. Falls Sie eine kühle Speisekammer oder einen entsprechenden trockenen Kellerraum haben, sind Sie zu beneiden. Wenn nicht, steht Ihnen das Gemüsefach Ihres Kühlschranks zur Verfügung.
Äpfel, Bananen Zitrusfrüchte, Avocados oder Kiwis lassen sich problemlos ein paar Tage lagern, ohne dass ein allzu großer Verlust an Vitaminen und Mineralstoffen entsteht. Beeren aller Art sollten Sie nur kaufen, wenn sie gleich gegessen werden, weil sie sehr empfindlich sind und trotz Kühlung recht schnell schimmeln und faulen. Beerenobst immer nur kurz mit Wasser abspülen (nicht wässern).
Übrigens nehmen Südfrüchte es übel, wenn man sie im Kühlschrank lagert. Sie mögen diese Temperaturen nicht. Die ideale Kühltemperatur für Gemüse liegt bei 6 bis 8 Grad. Wird es kälter, verliert die Ware an Geschmack. Deshalb ist es sinnvoll, Gemüse und Obst nur in dem dafür bestimmten Fach, und nicht im Innenraum des Kühlschranks zu lagern, wo es naturgemäß kälter ist.

> **tipp**
> Wenn Sie Spargel in ein angefeuchtetes Tuch einwickeln, hält er sich im Kühlschrank zwei bis drei Tage lang frisch.

Für einige Tage bieten sich viele Gemüsearten für die Vorratshaltung im Kühlschrank an. Insbesondere Kohlarten wie Rosenkohl,

Brokkoli, Blumenkohl, Weiß- und Rotkohl, Lauch, Radieschen und Bohnen. Wenn Sie Fenchelgemüse in Papier einwickeln, hält es sich sogar bis zu einer Woche. Selbst Spargel können Sie in einem feuchten Tuch für einige Tage im Kühlschrank lagern. Möhren, Sellerie und rote Bete halten sich bis zu zwei Wochen. Ebenfalls bis zu zwei Wochen können Sie grünen Paprika im Kühlschrank lagern, im Gegensatz zu seinen roten und gelben »Schwestern«. Die verlieren ihr Vitamin C nämlich viel schneller und sollten möglichst innerhalb von zwei, drei Tagen verbraucht werden. Kürbisse können aufgrund ihrer robusten Schale monatelang aufbewahrt werden.

Blattgemüse wie Spinat und Blattsalate wie Feldsalat sind für längere Lagerung nicht geeignet, weil die Blätter welk und schlapp werden und an wertvollen Inhaltsstoffen verlieren. Biss ist dann auch keiner mehr vorhanden. Sinnvoller ist die Zubereitung am Tag des Einkaufs.

Lagern Sie Äpfel und Tomaten nicht gemeinsam mit Salatgurken, Möhren, Kohlsorten und Kräutern. Sowohl Äpfel als auch Tomaten sondern ein farbloses Gas ab, das Ethylen, das den Reifeprozess beschleunigt und die genannten Gemüsesorten schneller verderben lässt.

auf den punkt gebracht

- **Beim Einkauf auf gute Qualität achten. Die Lagerzeit so kurz wie möglich halten.**
- **Mit ein bisschen Planung lässt sich eine sinnvolle Vorratshaltung betreiben, ohne dass Obst und Gemüse allzu viele wertvolle Inhaltsstoffe verlieren.**
- **Blattgemüse und Blattsalate sind zum Lagern ungeeignet. Sie verlieren nicht nur Inhaltsstoffe, sondern auch an Biss, wenn sie nicht am selben Tag verarbeitet werden.**

Vor der Zubereitung müssen Obst und Gemüse gesäubert werden. Säubern heißt aber auf keinen Fall wässern. Denn durch zuviel Wasser werden die wichtigen Inhaltsstoffe regelrecht ausgeschwemmt, das gilt insbesondere für das wasserlösliche Vitamin C. Ob Waschen reicht oder ob geschält werden muss, hängt davon ab, ob Sie biologisch angebautes Gemüse kaufen. Wenn ja, reicht es in der Regel, die Nahrungsmittel mit heißem Wasser gründlich abzuwaschen und anschließend trocken zu tupfen. Bei Gemüse und Obst aus herkömmlichem Anbau empfiehlt sich eher das Schälen, um so viele Schadstoffe wie möglich zu entfernen. Das ist oft schade, denn bei vielen steckt »das Gute« in der Schale. Manche Gemüsesorten sind ohne Schälen aber gar nicht genießbar wie Kohlrabi, Knollensellerie oder Spargel. Möhren allerdings sollten möglichst nicht geschält, sondern nur gründlich gewaschen werden. Salate, Obst und Gemüse, wenn es geht, im Ganzen waschen. Das heißt Salate und Gemüse je nachdem in die einzelnen, großen Blätter zerteilen, aber nicht zerpflücken, damit so viel wie möglich an wertvollen Inhaltsstoffen erhalten bleibt.

tipp

Salat, Obst und Gemüse sollten Sie nicht wässern, sonst gehen wertvolle Inhaltsstoffe verloren.

Problematisch wird es bei Salaten und Gemüsen, die nicht aus ökologischen Anbau stammen und zum Teil einen sehr hohen Nitratgehalt aufweisen. Manche Gemüse saugen die Salze aus dem Boden oder im Gewächshaus geradezu gierig auf und sind entsprechend nitrathaltig. Dazu gehören alle Blattsalate und Kohlsorten wie Rot-, Weiß- und Grünkohl, Blumenkohl, Wirsing und Chinakohl, außerdem Spinat, Rote Bete, Rettiche, Radieschen, Fenchel, Sellerie, Mangold und als Obstbeispiel Rhabarber. Den Strunk und die Außenblätter, so vorhanden, sollten Sie grundsätzlich nicht mitessen, da dort besonders viel Nitrat gespeichert wird. Wenn Sie nitratarme Gemüsesorten kaufen wollen, können Sie auf Rosenkohl, Hülsenfrüchte, Porree, Paprika und Gurken ausweichen.
Generell wäre es natürlich besser, Gemüse aus ökologischem Anbau zu kaufen. Denn Freilandgemüse enthält weniger Nitrat, da

dieses unter Sonneneinwirkung beim Reifen zum Teil abgebaut wird. Hier kann ich gleich noch eine Lanze für die Tiefkühlkost brechen, über die Sie später mehr erfahren werden: Tiefgefrorenes Gemüse, das vorher blanchiert wurde, enthält bis zu 50 Prozent weniger Nitrat, da Nitrate wasserlöslich sind.

Frische Gemüsesorten, die viel Nitrat enthalten, sollten Sie nicht in der Mikrowelle zubereiten, da beim Garen – im Gegensatz zum Blanchieren – der Nitratgehalt nicht verringert wird. Besser ist es also, das Frischgemüse auf konventionelle Art zu garen und zu dünsten. Nitrathaltige Speisen wie Spinat, Rhabarber und alle Kohlarten dürfen nicht wieder aufgewärmt werden, weil sich in der Zeit bis zur zweiten Erwärmung Bakterien ansiedeln können, die die Bildung des giftigen Nitrits verursachen. Das wird insbesondere Grünkohlfans bekümmern, die glauben, dass der Kohl doch erst nach dem zweiten Aufwärmen so richtig schmeckt.

Schonend garen, dünsten, braten

Für die Zubereitung ist Schonung oberstes Gebot. Gemüse und Obst in gleich große, aber nicht zu kleine Teile schneiden. Denn es sollen ja möglichst alle sekundären Pflanzenstoffe, Vitamine und Mineralien so weit wie möglich erhalten bleiben.

Außerdem erreichen Sie durch eine einheitliche Größe eine einheitlichere Garung. Am schonendsten ist die Zubereitung durch Dünsten mit ganz wenig Wasser, was beispielsweise wunderbar in der Mikrowelle funktioniert. Dünsten eignet sich für jedes Gemüse. Auch das Dämpfen im Kochtopf, indem Sie den Wasserdampf zum Garen benutzen, ist eine schonende Zubereitungsart für Gemüse. Natürlich können Sie Gemüse auch braten bzw. pfannenrühren. Das geht am besten in einer beschichteten Pfanne. Das Gemüse wird ganz einfach drei bis fünf Minuten lang in der Pfanne gerührt, bis es den richtigen Biss hat. Das Rühren ist wichtig, damit die Gemüsestücke nicht einseitig anbrennen.

Garflüssigkeit, sofern sie nicht von nitrathaltigem Gemüse stammt, nicht w schütten, da sie noch Vitamine und andere Mi ralien enthält. Sie ist ide Saucen und Suppen.

Übrigens sollten Sie die Garflüssigkeit nicht wegschütten, sondern für Saucen oder Suppen benutzen. Aber denken Sie bitte dran, dass das bei Gemüsen, die nitrathaltig sind, nicht sehr sinnvoll ist. Denn wie Sie gerade im Abschnitt »Waschen und Schälen« gelesen haben, kann man durch konventionelles Kochen bzw. Garen einen Großteil der Nitrate entfernen, da sie wasserlöslich sind. In diesem Fall schüttet man die Garflüssigkeit lieber weg.
Meistens reicht eine Garzeit von fünf bis zehn Minuten aus. Das Gemüse sollte noch bissfest sein. Matschiges Gemüse sieht nicht nur unappetitlich aus, sondern hat auch nichts mehr an Inhaltsstoffen zu bieten.
Und noch etwas sollten Sie bedenken. Wie Sie wissen, unterscheidet man zwei Gruppen von Vitaminen: die fettlöslichen und die wasserlöslichen. Fettlösliche Vitamine, zu denen Vitamin A und seine Vorstufe Beta-Carotin sowie die Vitamine D, E und K gehören, können vom Körper weitgehend gespeichert werden. Die wasserlöslichen Vitamine dagegen, zu ihnen zählen die Vitamine C, B1, B2, B6, B12, Pantothensäure, Niacin, Biotin und Folsäure, kann der Organismus nicht »hamstern«, deshalb müssen diese Vitamine täglich zugeführt werden.
Wichtig: Die Fettlöslichen werden, der Name verrät es bereits, nur in Anwesenheit von etwas Fett richtig vom Körper aufgenommen. Deshalb ist die Zugabe von gutem Pflanzenöl zum Salat oder auch beim Dünsten von Gemüse notwendig. Die wasserlöslichen Vitamine sind hingegen außerordentlich empfindlich. Beim Waschen von Gemüse und Obst ist Vorsicht angebracht, sonst verschwinden die guten Vitamine im Ausguss.
Vitamin C reagiert auch sehr empfindlich auf Licht und Sauerstoff. Langes Liegenlassen bekommt ihm ebenso wenig wie stundenlanges Kochen. Kurze Gar- oder Dämpfzeiten sind deshalb vitaminschonend. Was immer Sie gerade vorbereiten, sei es Salat, Gemüse oder Rohkost: Die Zutaten immer erst kurz vor der Zubereitung kleinschneiden. Vermischen Sie zerkleinertes Gemüse für einen Rohkostteller sofort mit der Salatsoße. Auch dadurch können Sie einen allzu großen Verlust an Vitaminen verhindern.

Vitamine, besonders die wasserlöslichen, sind sehr empfindlich. Sie vertragen weder lange Lager- noch Kochzeiten.

Wenn Sie Möhren essen, sollten Sie zwei Dinge beachten. Aus den rohen Möhren nimmt Ihr Körper »nur« die darin enthaltenen Ballaststoffe auf. Die Betacarotine werden erst durch Wärme frei-

gesetzt. Wenn Sie also an diese wertvollen Substanzen heranwollen, müssen die Möhrchen leicht in Fett gedünstet werden. Daher ist es sinnvoll, Möhren abwechselnd mal als Rohkost und mal als Gemüse zu verzehren, damit Sie in den Genuss beider Inhaltsstoffe kommen.
Streuen Sie über die fertige Gemüse- oder Rohkostplatte frische Kräuter. Das sieht nicht nur sehr dekorativ aus, sondern entfaltet auch ein herrliches Aroma und Sie kommen in den Genuss weiterer Antikarzinogene.

Roh oder gedünstet?

Bei der Frage ob rohes oder gedünstetes Gemüse muss man berücksichtigen, dass bei manchen Gemüsen durch Erhitzung leider viele sekundäre Pflanzenstoffe verloren gehen. Je höher die Temperaturen, desto größer der Verlust. Das gilt vor allem für die Gruppe der Glucosinolate, jene sekundären Pflanzenstoffe, die ihren Trägern den scharfen Geschmack verleihen. Als da wären Senf, Meerrettich, Kresse, Rettich, Radieschen, Blumenkohl, Weißkohl, Wirsing, Chinakohl, Rotkohl, Grünkohl, Rosenkohl, Sauerkraut, Brokkoli und Kohlrabi. Nun stellt sich die Frage des Garens natürlich weder bei Senf noch bei Meerrettich, Rettich, Kresse oder Radieschen, da das alles roh genossen wird.

tipp
Mischen Sie Rohkost mit gegartem Gemüse. Das gibt den Gerichten einen ganz besonderen Pfiff.

Bei den anderen Gemüsesorten sollte man einfach hin und wieder abwechseln. Essen Sie Rotkohl mal als gedünstetes Gemüse, mal als Rohkost. Es schmeckt übrigens sehr apart, wenn Sie gegartes Gemüse mit Rohkost mischen. Probieren Sie es einmal, das gibt der ganzen Sache noch zusätzlichen Biss – und natürlich noch mehr Antikarzinogene.
Manches Gemüse eignet sich allerdings nicht als Rohkost, etwa Auberginen, Spargel und Mais. Und was Sie auch keinesfalls roh essen dürfen, sind Hülsenfrüchte. Sie enthalten giftige Lektine, die erst durch das Kochen zerstört werden. Die meisten Hülsenfrüchte weicht man vor dem Garen ein. Schütten Sie das Wasser nicht weg, verwenden Sie es beim Kochen mit. Viele machen um Hülsenfrüchte

einen großen Bogen wegen der gefürchteten Blähungen. Wenn Sie Knoblauch, Kümmel oder Ingwer an Ihre Speisen geben, minimieren Sie dieses Risiko um ein Vielfaches.

Empfindlich auf Hitze reagieren auch die Sulfide in Knoblauch, Zwiebeln, Schalotten, Frühlingszwiebeln, Lauch und Schnittlauch . Essen Sie diese Zwiebelgewächse genauso oft roh wie gegart. Sie eigenen sich hervorragend als Brotbelag. Eine Scheibe Vollkornbrot, bestrichen mit Quark und darauf Zwiebeln oder Lauch verteilt, gewürzt mit Pfeffer und Kresse schmeckt und wirkt enorm.

Sauerstoffhaltige Carotinoide mögen ebenfalls keine Hitze. Sie finden sich vor allem in den grünblättrigen Gemüsen Mangold, Grünkohl, Spinat, Brokkoli und Rosenkohl. Bei den Kohlsorten sollten Sie etwa 15 Minuten Garzeit einkalkulieren. Es ist auch ein bisschen eine Geschmacksfrage, wie bissfest der Einzelne sein Gemüse mag. Aber wie gesagt, bitte nicht zu Mus zerkochen, sonst sind all die guten Inhaltsstoffe verloren.

Gemüse bloß nicht zerkochen. Es muss knackig und bissfest sein.

Verloren sind auch Vitamine und Mineralien, wenn Sie Ihr Gemüse nichts saisongerecht einkaufen. Wie viel Vitamin C noch in Erdbeeren enthalten sind, die Sie im Winter einkaufen, mag Ihnen klar werden, nachdem Sie jetzt wissen, wie empfindlich das Vitamin ist. Lange Transportzeiten lassen deshalb kaum noch etwas übrig. Sie sind dagegen auf der sicheren Seite, wenn Sie Obst und Gemüse zur Erntezeit einkaufen, was darüber hinaus natürlich den Vorteil hat, dass es billiger ist, weil eben die langen Anfahrtswege wegfallen. Damit Sie aber trotzdem zu allen Jahreszeiten in den Genuss von Saisonobst oder -gemüse kommen, ist es nicht das Schlechteste, ein bisschen Vorratshaltung zu betreiben.

auf den punkt gebracht

- Ob bei der Vorbereitung oder Zubereitung: Schonung ist oberstes Gebot im Umgang mit Obst und Gemüse. Kurze Gar- und Dünstzeiten sind ideal.
- Die fettlöslichen Vitamine A, Beta-Carotin, D, E und K können nur zusammen mit Fett vom Körper aufgenommen werden. Deshalb immer etwas Öl bei der Zubereitung von Rohkost, Salat und Gemüse verwenden.
- Wasserlösliche Vitamine, zu denen das Vitamin C gehört, sind besonders empfindlich. Obst und Gemüse nur kurz waschen, nie wässern, sonst verschwindet das Vitamin C im Waschbecken.

Vorratshaltung für den Winter

Für die kalte Jahreszeit können Sie sich die moderne Vorratshaltung zunutze machen, um die unsere Vorfahren uns zutiefst beneidet hätten. Einfrieren heißt das Zauberwort, und das geht mit unendlich vielen Gemüse- und Obstsorten. Über eine Gefriertruhe oder einen Gefrierschrank verfügt heute fast jeder Haushalt. Sogar Singles schätzen diese Einrichtung, auch wenn in deren Tiefkühlschränken in der Regel nur Pizzen lagern. Aber vielleicht ändert sich das ja nach der Lektüre dieses Buches.
Einfrieren lohnt sich vor allem, weil bei dieser Form der Konservierung die meisten Inhaltsstoffe erhalten bleiben. Die Vitaminverluste sind gering, sofern die Nahrungsmittel vorher sachgemäß verarbeitet werden. Ein weiterer, nicht zu unterschätzender Vorteil, das wissen Sie aus dem vorangegangenen Abschnitt: Durch die entsprechende Vorbereitung, das Blanchieren, können Sie den Nitratgehalt in Gemüsen um bis zu 50 Prozent verringern.

Als Grundregel gilt: Jedes Gemüse ist gefriergeeignet, das Sie auch zum Dünsten oder Garen verwenden können. Kaufen Sie knackig frische, intakte Ware ein, ohne Druckstellen oder braune Stellen. Weder unreife noch überreife Ware nehmen, noch am gleichen Tag verarbeiten. Wenn das Gemüse geputzt bzw. gewaschen und zerkleinert ist, kommt der wichtigste Vorgang – das Blanchieren. Dadurch bleiben Vitamin C, aber auch Farbe, Geschmack und Aroma erhalten.

> **tipp**
>
> **Es lohnt sich auch für Singles, einen Gefrierschrank anzuschaffen. Dann haben Sie das ganze Jahr über einen wunderbaren Vorrat an Obst und Gemüse.**

Blanchieren geht ganz einfach. Das vorbereitete Gemüse wird in einen Topf mit kochendem Wasser gegeben und je nach Gemüsesorte bis zu drei Minuten blanchiert. Die Blanchierzeiten für einzelne Gemüse- und Obstsorten finden Sie in Ihrem Gefrierratgeber, der bei jedem Gefrierschrankkauf mitgeliefert wird. Das Wasser soll das Gemüse bedecken und muss während des gesamten Vorgangs kochen. Danach das Gemüse rausnehmen und sofort in einen anderen Topf mit eiskaltem Wasser geben oder unter fließend kaltem Wasser abschrecken. Blanchieren Sie maximal 500 g Gemüse auf einmal. Das heiße Blanchierwasser können Sie mehrmals verwenden, aber denken Sie dran, dass es während des Blanchiervorgangs kochen muss.

Das Gefriergut lässt sich in Plastikbehältern oder Kunststoffbeuteln gut verpacken. Unbedingt luftdicht verschließen, um Gefrierbrand zu vermeiden. Bei mindestens –25 Grad (Stufe Superfrost) tiefgefrieren, damit sich keine Eiskristalle bilden, die beim Auftauen zu Saftverlust führen. Die Portionen sollten nicht zu groß sein. Bei Familien rechnet man maximal 1 Kilo, für Singles oder Paare sind Portionen von 300 bis 500 Gramm empfehlenswert.

Für Obst gilt dasselbe Schema: Reife, aber nicht überreife Früchte kaufen. Nach entsprechender Vorbereitung blanchieren. Äpfel und Birnen, die sich nach dem Schneiden leicht verfärben, bis zum Blanchieren in eine Salz- bzw. Essiglösung legen. Salzlösung für Äpfel: 5 g Salz auf 1 l Wasser. Essiglösung für Birnen: 2 EL Essig auf 1 l Wasser. Damit Beeren schön in Form bleiben, auf einem Tablett etwa drei Stunden vorfrieren und dann erst in den Gefrierbehälter geben.

Wenn Sie Obst und Gemüse auftauen wollen, haben Sie mehrere Möglichkeiten. Sie können sehr viele Gemüsesorten gefroren verwenden wie Blumenkohl, Brokkoli oder Kohlrabi, das heißt, sie müssen vorher gar nicht aufgetaut werden. Grünkohl hingegen müssen Sie rund zwei Stunden antauen lassen, bevor er verwendbar ist. Am längsten dauert das Auftauen im Kühlschrank. Je nach Sorte müssen Sie unter Umständen bis zu 18 Stunden warten. Das bedeutet also Planung im Voraus. Am zweitschnellsten geht es bei Raumtemperatur. Aber auch da kann es, je nach Gefriergut, schon mal zehn Stunden dauern. An dritter Stelle kommt der Backofen und für ganz Ungeduldige, oder wenn es wirklich schnell gehen soll, steht die Mikrowelle zur Verfügung. Obst sollten Sie am besten bei Raumtemperatur auftauen lassen, um die empfindlichen Früchte nicht zu zerstören.

Zugegebenermaßen ist das Einfrieren von frischen Obst- und Gemüsesorten mit einem gewissen Zeitaufwand verbunden. Gerade Singles und berufstätige Ehepaare werden diesen Aufwand weder betreiben wollen noch können. Hier bietet die Tiefkühlkost wirklich eine Alternative. Zum einen wird sie durch das vorherige Blanchieren nitratärmer, zum anderen wird inzwischen sogar tiefgekühltes Biogemüse aus kontrolliertem Anbau angeboten. Damit sind Sie auf jeden Fall auf der sicheren Seite. Wie gesagt, die Anschaffung eines Gefrierschrankes lohnt sich!

auf den punkt gebracht

- Um das ganze Jahr über frisches Obst und Gemüse zur Verfügung zu haben, eignet sich das Einfrieren. Der Verlust an wertvollen Inhaltsstoffen ist bei dieser Art der Konservierung am geringsten.
- Der wichtigste Schritt vor dem Einfrieren ist das Blanchieren.
- Gefriergeeignet sind nahezu alle Gemüse- und Obstsorten.

Die Praxis der Krebsschutzernährung

Nach all der Theorie, der Sie mir geduldig bis hierher gefolgt sind, wird es langsam an der Zeit für einige praktische und schmackhafte Beispiele. Der anschließende Rezeptteil bietet Ihnen gesunde Schlemmereien und eine Menge Anregungen, die Sie zum Erfinden neuer eigener Lieblingsrezepte verführen sollen.

Anderen Völkern in den Kochtopf geschaut

Andere Länder, andere Küchen. Es gibt zwei, bei denen es sich wirklich lohnt, in die Kochtöpfe zu schauen, das sind die asiatische Küche und die Küche des Mittelmeerraums. In beiden Regionen ist die Krebsrate deutlich niedriger als in Mittel- und Nordeuropa, wie Studien belegen.

Denken Sie an die Studien in Griechenland und Spanien, die zeigten, dass Frauen, die viel mit Olivenöl kochen, ein geringeres Brustkrebsrisiko haben. Denken Sie an die neuesten Studien über Ballaststoffe, die eben doch vor Darmkrebs schützen können. Diese Faserstoffe werden besonders häufig in den Mittelmeerländern in Form von Obst und Gemüse verzehrt. Denken Sie an die Studien in Japan, wo traditionell sehr viele Sojaprodukte gegessen werden, die Phytoöstrogene enthalten. Auch dort sind die Raten an Brustkrebs und sogar an Prostatakrebs eindeutig niedriger als in Nordeuropa. In einer Hinsicht bildet Japan allerdings eine Ausnahme, und zwar hinsichtlich der Magenkrebsrate, die dort sehr hoch ist. Das liegt aber daran, dass die Japaner außerordentlich verschwenderisch mit ihrer Sojasauce umgehen, die stark salzhaltig ist. Der durchschnittliche Japaner nimmt pro Tag etwa 40 g Salz auf, also noch mehr als wir, die wir mit rund 30 g täglich schon heftig überdosieren. Gehen Sie deshalb mit der Sojasauce sparsam um.

Noch eine Anmerkung zur Sojasauce. In jüngster Zeit mehren sich die Hinweise, dass in einigen Sojasaucen, die auch in Deutschland vertrieben werden, Propylchloride enthalten sind. Dabei handelt es sich um chemische Substanzen, die möglicherweise Krebs erregend sind. Zwar hat inzwischen die Regierung von Singapur mitge-

teilt, dass man künftig auf die Verwendung von Propylchloriden verzichten werde. Dennoch ist beim Gebrauch von Sojasaucen aus China, Thailand, Hongkong, Singapur und Taiwan Vorsicht geboten. Nach Auskunft des Verbraucherschutzministeriums in Berlin können Sie dagegen japanische Sojasaucen verwenden. Diese Produkte werden anders hergestellt und enthalten nicht die schädlichen Propylchloride. Da lohnt es sich auf jeden Fall, möglicherweise ein paar Euro mehr auszugeben.
Falls Sie beim Kauf einer Sojasauce unsicher sind, können Sie sich an das Gesundheitsministerium Ihres Bundeslandes wenden. Dort ist man dafür zuständig, in Verdacht geratene Lebensmittel zu prüfen, entsprechende Listen aufzustellen, die dem Verbraucher zur Verfügung gestellt werden, und bei entsprechender Gefahr Produkte auch vom Markt zu nehmen.

Die Küche Asiens

Widmen wir uns jetzt der asiatischen Küche, in der Obst, Gemüse, Hülsenfrüchte, wohlschmeckende Gewürze und Fisch dominieren. Fleisch kommt selten auf den Tisch, und wenn, dann wird bevorzugt Geflügel serviert. Und natürlich Soja und nochmal Soja, das sowohl die japanische als auch chinesische und thailändische Küche kennt. Sojaprodukte sind sehr empfehlenswert. Und wenn Sie das Kapitel über die sekundären Pflanzenstoffe aufmerksam verfolgt haben, wird Ihnen aufgefallen sein, dass in der Sojabohne nahezu sämtliche sekundäre Pflanzenstoffe enthalten sind. Ein Spitzenreiter also unter den Antikarzinogenen.
Da es heute selbst in den kleineren Städten bereits Asienläden gibt und fast jeder Supermarkt über eine kleine »Asienabteilung« verfügt, ist es inzwischen kaum ein Problem, Sojabohnen oder deren Produkte zu bekommen. Beachten Sie bei der Zubereitung von Sojabohnen dass sie, wie alle Hülsenfrüchte, über Nacht eingeweicht werden müssen. Als Garzeit sollten Sie eine bis eineinhalb Stunden einkalkulieren.

> **tipp**
> Essen Sie so viel Soja wie möglich. Denn Soja gehört zu den absoluten Top-Antikarzinogenen und ist in vielfältiger Form erhältlich.

Zu den hierzulande bekanntesten Nahrungsmitteln gehören neben den Sojabohnen, die Sojasprossen und Tofu aus Sojabohnenquark. Sogar Tofuwürstchen werden inzwischen angeboten, die man entweder in der Pfanne brät oder auf den Grill legt. Ob pur oder mariniert – dem Einsatz von Tofu sind keine Grenzen gesetzt. Er passt zu Fisch ebenso wie zu Gemüse, kann gleichberechtigter Bestandteil einer Mahlzeit sein oder Beilage, kann gebraten, gebacken und fritiert werden. Tofu ist kalorienarm und eiweißreich, ein würdiger Ersatz für Fleisch (Vegetarier wissen das zu schätzen) und wohlschmeckend zuzubereiten. Die Japaner sind geradezu tofusüchtig. Sie essen ihn bereits zum Frühstück und er darf auch bei keinem Mittag- und Abendessen fehlen.

Was natürlich in der asiatischen Küche auch nicht fehlen darf, ist Reis. Er zählt nach Weizen zur wichtigsten nahrungsliefernden Kulturpflanze der Welt. Im Handel erhältlich sind vor allem vier Arten: Kurzkorn, Mittelkorn, Rundkorn und Langkorn. Sie unterscheiden sich durch verschiedene Kocheigenschaften. Am besten ist der geschälte Naturreis, weil er ein vollwertiges Nahrungsmittel ist, in dem alle wichtigen Inhaltsstoffe noch vorhanden sind. Viel zu oft wird jedoch so genannter polierter, weißer Reis angeboten. Durch das Polieren werden Keim und Fruchtschale entfernt und damit auch viele Ballaststoffe und die sekundären Pflanzenstoffe. Übrig bleibt ein wertloses weißes Korn. Eine Ausnahme bildet der »parboiled« Reis. Beim Parboiling werden die Inhaltsstoffe aus den Randschichten ins Innere des Korns getrieben, so dass zumindest einiges erhalten bleibt. Mit einem Vollwertprodukt hat dieser Reis allerdings auch nicht mehr viel zu tun. Vollwertig essen Sie nur, wenn Sie braunen Naturreis kaufen.

Kaufen Sie lieber braunen Naturreis. Der weiße, polierte Reis hat keine Inhaltsstoffe mehr zu bieten.

Das Schöne an der asiastischen Küche ist die fettarme und schonende Zubereitung der Gemüse, bei der es nur kurz pfannengerührt wird, das macht man am besten im traditionellen Wok. Sollten Sie sich für diese herrliche exotische Küche entscheiden, lohnt es sich, einen Wok anzuschaffen, der problemlos in Asiengeschäften zu bekommen ist. Das dünne Metall dieses Topfes erhitzt sich rasch, das spart Energie. Außerdem lässt er sich leicht sauber halten. Man kann darin wunderbar auch große Mengen pfannenrühren, ausbacken und fritieren. Alles bleibt bissfest und aromatisch. Sekundäre Pflanzenstoffe, Vitamine und Mineralstoffe bleiben erhalten. Verkochtes ist verpönt. Auch Rohkost ist in Asien weit verbreitet und wird, insbesondere in Japan, durch filigrane Schnitzereien zu regelrechten Kunstwerken stilisiert.

Die Mittelmeerküche

Weder kunstvoll noch fettarm präsentiert sich dagegen die mediterrane Küche. Auch wenn man das gesunde Ölivenöl verwendet, wird häufig ein wenig des Guten zu viel getan. Das Gemüse muss nicht in Öl schwimmen. Schlechte Gewohnheiten sollten wir also tunlichst nicht übernehmen. Zumal öltriefende Speisen eine Beleidigung für den Gaumen und von guter Küche weit entfernt sind. Auch die Weißmehlprodukte wie Brot, Nudeln und Pizza der mediterranen Küche möchte ich Ihnen nicht unbedingt empfehlen, wobei hin und wieder eine Pizza keinen Schaden anrichtet. Bevorzugen Sie Vollkornnudeln und statt des üblichen Weißbrots zum Salat ein dunkles Meterbrot aus vollem Korn. Das schmeckt sehr lecker. Im Umgang mit Knoblauch und Gewürzen können Sie hingegen viel großzügiger werden.

Gutes Olivenöl, viel Knoblauch und frische Kräuter sind das Markenzeichen der mediterranen Küche.

Obst, Gemüse und Fisch stehen im Mittelpunkt der mediterranen Küche, ebenso wie kräftige Kräuter. Auch Hülsenfrüchte erfreuen sich großer Beliebtheit, vom Knoblauch ganz zu schweigen, der in keinem Salat, keiner Pastasauce, keinem Gemüse, Fisch- oder Fleischgericht fehlen darf.

- Die asiatische Küche besticht durch ihre Leichtigkeit. Wenig Fett, viel Gemüse, Fisch und natürlich Sojaprodukte. Die Küche der Mittelmeerländer setzt auf Obst, Gemüse, kräftige Kräuter und Gewürze und Olivenöl.
- Benutzen Sie die Sojasauce zurückhaltend, da sie sehr salzhaltig ist.
- Wenn Sie gerne asiatisch kochen, lohnt sich die Anschaffung eines Wok, in dem man das Gemüse herrlich knackig garen kann.

Mit gesunden Rezepten durch den Tag schlemmen

Vieles haben Sie jetzt gelesen und gelernt über die sekundären Pflanzenstoffe, über andere Antikarzinogene, über Radikalfänger. Sie haben erfahren, wie Krebs entsteht und wie Sie sich davor schützen können. Und nun stellen Sie, nach der Fülle dieser Informationen, womöglich zu Recht die Frage, wie Sie das alles in Ihrem Alltag umsetzen können. Wie gelingt es Ihnen, über den Tag verteilt genug von den wirksamen Waffen gegen Krebs zu sich zu nehmen? Mit ein wenig Planung und den richtigen Rezepten geht es leichter, als Sie vermuten. Dass das Ganze durchaus mit Freude, Lust und Genuss verbunden sein kann, beweisen die folgenden Rezepte, mit denen ich Ihnen den Mund ein wenig wässrig machen will. Vom Frühstück über die Zwischenmahlzeiten bis zum Abendessen wird hoffentlich etwas für Ihren Geschmack dabei sein. Probieren Sie aus, was Ihnen gefällt. Aber das Wichtigste ist: Werden Sie selbst erfinderisch! Halten Sie sich nicht stur an die Vorgaben, sondern kombinieren Sie antikarzinogene Nahrungsmittel nach Lust und Laune. Sie haben es ja gesehen: Es sind wunderbarerweise mehr

als genug davon da! Ihrer Phantasie sind also keine Grenzen gesetzt.
Dass das Frühstück die wichtigste Mahlzeit des Tages ist und man darauf auf keinen Fall verzichten sollte, predigen Ernährungswissenschaftler und Mediziner uns seit Jahr und Tag. Morgens benötigt der Körper Energie und Kraft, um den Tag zu meistern und genügend Abwehrkräfte für Angreifer wie die Karzinogene zu haben. Doch es gibt nun einmal eingefleischte Frühstückmuffel, die nur schwer, wenn überhaupt, zu einem Frühstück zu bewegen sind.
Falls Sie zu den beneidenswerten Menschen zählen, die schon morgens früh mit einem Lied auf den Lippen aus dem Bett hüpfen, werden Sie mit dem Thema Frühstück wenig Probleme haben. Falls Sie aber der Spezies Morgenmuffel angehören, die auch noch nach dem dritten Weckerklingeln den »Schreihals« geflissentlich ignorieren, sollten Sie anfangen, sich selbst auszutricksen.

tipp

Für Morgenmuffel: Stellen Sie den Wecker ein bisschen früher und decken Sie den Frühstückstisch schon am Abend vorher.

Auch wenn Ihnen diese Vorstellung beinahe den Angstschweiß auf die Stirn treibt. Versuchen Sie es. Es ist einfacher, als Sie befürchten. Ich habe es selbst ausprobiert, weil auch ich leider nicht zu den fröhlichen Frühaufstehern zähle. Stellen Sie Ihren Wecker 10 bis 15 Minuten früher als üblich und lassen Sie sich mit Musik wecken. Das ist freundlicher und bringt Sie nicht unnötig in Zeitnot. Denn Sie können sich nochmal genüsslich von einer Seite auf die andere wälzen, und die Musik bringt Sie auf sanfte Weise vom Land der Träume in die Realität. Bereiten Sie schon am Abend vorher alles für das morgendliche Frühstück vor. Glauben Sie mir, nach drei, vier Tagen läuft das wie von selbst, und Sie gehen tatsächlich besser gelaunt in den Tag oder ins Büro als sonst. Die erste Begegnung mit Ihrem womöglich griesgrämigen Chef schlägt Ihnen zumindest nicht auf den nüchternen Magen.
Die folgenden Rezepte, bei denen Sie wirklich Krebsschutz satt aufnehmen, sind für eine Portion berechnet, wenn nichts anderes angegeben ist, und können natürlich nach Belieben erweitert werden.

Ebenso können Sie die einzelnen Rezepte austauschen und aus der Zwischenmahlzeit ein Frühstück machen und umgekehrt. Auch Mittag- und Abendessen können beliebig gemixt werden. All die Rezepte sind wirklich nur eine kleine Anregung für Sie, weitere kreative Ideen in der Küche zu entwickeln. Lassen Sie Ihre Phantasie spielen. Probieren Sie neue Kombinationen aus, experimentieren Sie mit Gewürzen. Falls Sie die asiatische Küche noch nicht kennen, wagen Sie sich ruhig einmal ran! Sie wird Ihnen gefallen.
Bei allem, was Sie künftig am heimischen Herd kochen, sollten Sie ein paar wichtige Punkte aber nicht vergessen:

- Sie erinnern sich an die Menge von Obst und Gemüse pro Tag? 500 g sollten es idealerweise sein. Aufgeteilt auf beispielsweise drei Portionen Gemüse und zwei Portionen Obst.

- Es ist wichtig, über den Tag verteilt zu essen, um eine höchstmögliche Aufnahme an Inhaltsstoffen, insbesondere an Vitamin C, zu erzielen, das als Antioxidans wertvolle Arbeit leistet. Vitamin C kann vom Körper nur in kleinen Portionen verwertet werden.

- Das große Angebot an Obst und Gemüsen lässt eigentlich keine Langeweile aufkommen. Vermutlich hat aber jeder seine Lieblingssorte, von der er gerne viel isst. Trotzdem sollten Sie auf täglich wechselnde Nahrungsmittel achten, um in den Genuss möglichst vieler sekundärer Pflanzenstoffe zu kommen. Nur auf diese Weise sind Sie mit Antikarzinogenen rundum versorgt.

- Bevorzugen Sie, wann immer es geht, frische Zutaten und, wenn möglich, Obst und Gemüse aus ökologischem Anbau.

- **Sparen Sie Fett, achten Sie auf versteckte Fette. Nehmen Sie bevorzugt einfach und mehrfach ungesättigte Fettsäuren zu sich und kaufen Sie qualitativ hochwertiges Olivenöl.**

- **Sparen Sie Salz. Würzen Sie stattdessen mit antikarzinogenen Kräutern und Gewürzen.**

- **Sparen Sie Zucker. Unser Körper kann gut darauf verzichten.**

Wenn Sie all das berücksichtigen, dann haben Sie in der Tat mit »Messer und Gabel« einen wirksamen und wichtigen Schutz vor Krebs in der Hand.

Orangen-Apfel-Müsli
Zutaten: 1/2 Apfel, 1/2 Orange, 2 EL Haferflocken, 1/2 Becher fettarmer Joghurt (mit lebenden Bakterienstämmen), 1 EL ungesüßter Orangensaft, 1 TL Honig
Zubereitung: Orange und Apfel in kleine Stücke schneiden, mit Orangensaft vermischen, dann Haferflocken und Joghurt unterrühren und mit Honig süßen.

Joghurt-Obst-Schale
Zutaten: 5 Erdbeeren, 1/2 Orange, 1 Becher fettarmer Joghurt, 2 EL Orangensaft
Zutaten: Das Obst kleinschneiden, mit dem Orangensaft vermischen und den Joghurt locker unterheben.

Vollkornbrot mit Quark und Radieschen
Zutaten: 1 EL Magerquark, Schnittlauch, schwarzer Pfeffer, 1 Scheibe Vollkornbrot, 3–4 Radieschen
Zubereitung: Für das Vollkornbrot mit Radieschen den Quark mit frischem Schnittlauch und schwarzem Pfeffer würzen. Aufs Brot streichen, mit Radieschenscheiben belegen.
Sie können natürlich auch unzählige andere Belagsvarianten ausprobieren: Kleine Gemüsestückchen, Lachsschnitzel, Meerrettich hineinreiben, Pilze, Tomaten, Paprika untermischen. Auch mit kleinen Obststückchen schmeckt es sehr gut.

Vollkornbrötchen mit Käse und Tomaten
Zutaten: 1 Vollkornbrötchen, Pflanzenmargarine, fettarmer Schnittkäse, der möglichst nicht mehr als 30–40 % Fett i.Tr. haben sollte (Emmentaler, Gouda, Edamer, Tilsiter, Westlight), 1/2 Tomate, Zitronenpfeffer, etwas Basilikum
Zubereitung: Die Brötchenhälften dünn mit Margarine bestreichen, mit dem Käse und den Tomatenscheiben belegen. Mit Pfeffer und Basilikum würzen.

Vollkornbrötchen mit Quark und Gurken
Zutaten: 1 Vollkornbrötchen, Pflanzenmargarine, 1 EL magerer Speisequark, sechs Scheiben Salatgurke, Zitronenpfeffer, Schnittlauch

Zubereitung: Die Brötchenhälften zuerst dünn mit Margarine und dann mit dem Quark bestreichen, Sie können aber auch darauf verzichten und gleich den Quark nehmen. Würzen Sie mit Zitronenpfeffer, darauf komen die Gurkenscheiben und am Schluss wird alles mit Schnittlauchröllchen bestreut.

Leckeres für zwischendurch

Birne mit Blauschimmelkäse

Zutaten: Ca. 20 g Blauschimmelkäse, 2 EL fettarmer Joghurt, schwarzer Pfeffer, 1 reife Birne
Zubereitung: Den Käse mit dem Joghurt zu einer cremigen Masse verrühren, mit schwarzem Pfeffer würzen. Die Birne aufschneiden, entkernen und die Käsemasse in die Hälften füllen.

Heißer Tomatensaft

Zutaten: 200 g pürierte Tomaten aus der Dose, Tabasco, Basilikum, Oregano, Vollkorntoast
Zubereitung: Pürierte Tomaten in einem Topf erhitzen und etwa 10 Minuten köcheln lassen. Mit Tabasco abschmecken, Basilikum und Oregano drüberstreuen. Dazu eine Scheibe Vollkorntoast. Dies ist vor allem in der kalten Jahreszeit eine herrlich erwärmende Zwischenmahlzeit.

Buttermilch mit Banane

Zutaten: 1 Banane, einige Spritzer Zitrone, $^1/_4$ l Buttermilch, etwas Honig nach Wunsch
Zubereitung: Banane in Scheiben schneiden, mit etwas Zitrone beträufeln, damit sie nicht braun wird. Buttermilch und Banane in den Mixer geben und rund eine Minute pürieren. Falls Sie möchten, mit etwas Honig süßen.

Toast mit gedünsteten Apfelscheiben

Zutaten: 1 Scheibe Vollkorntoast, 1 Apfel, frischer Zitronensaft, etwas Honig.
Zubereitung: Zunächst den Backofen auf 240 Grad vorheizen (Gas Stufe 5–6), die Brotscheibe toasten. Den Apfel schälen, entkernen und in dünne Scheiben schneiden, mit Zitronensaft

beträufeln. In einer beschichteten Pfanne die Apfelscheiben so lange dünsten, bis sie schön weich sind. Die Apfelscheiben nun schichtweise auf das Toastbrot legen, wenn Sie wollen, mit etwas Honig süßen und für etwa fünf Minuten in den Backofen schieben, bis die Äpfel heiß sind und das Brot knusprig ist.

Ei mit Thunfisch

Zutaten: 1 hart gekochtes Ei, 2 EL Thunfisch aus der Dose (in eigenem Saft), Zitronenpfeffer, Tabasco, 1 Scheibe Vollkornbrot, Margarine

Zubereitung: Das Ei halbieren, Eigelb mit dem Thunfisch mischen, mit Zitronenpfeffer und Tabasco würzen. Die beiden Eihälften damit füllen. Dazu schmeckt ein kräftiges Vollkornbrot, mit etwas Margarine bestrichen.

Nahrhaftes am Mittag

Huhn im Reisbett auf griechische Art

Zutaten: 1 Hühnerkeule, ca. 30 g Vollkornreis, ungesalzene Hühnerbrühe, 1 Knoblauchzehe, 1/2 Zwiebel, 100 g pürierte Tomaten, frischen oder getrockneten Oregano und Thymian, 2–3 schwarze, in Öl eingelegte Oliven, 10 g Schafskäse

Zubereitung: Die Hühnerkeule von Fett und Haut befreien und in einer schweren Pfanne mit etwas Olivenöl anbraten, bis sie eine leichte Bräunung annimmt. Herausnehmen, abtupfen und warm stellen. Den Reis in etwas ungesalzener Hühnerbrühe kochen. Zwischenzeitlich klein gehackte Zwiebel und Knoblauch in etwas Olivenöl andünsten und die pürierten Tomaten hinzufügen.
Falls die Sauce zu dick ist, mit etwas Hühnerbrühe verdünnen.
Etwa zehn Minuten leise köcheln lassen, dann mit Thymian und Oregano abschmecken und die Hühnerkeule in die Soße legen.
Das Ganze noch einmal ca. 15 Minuten leise simmern lassen.
Den fertigen Reis auf einen vorgewärmten Teller geben.
Die Hühnerkeule in die Mitte legen, Soße drübergießen.
Klein gehackte Oliven und zerbröselten Schafskäse über das Gericht streuen.

Überbackener Spargel mit Gouda
Zutaten: 125 g Spargel, 1 EL Pinienkerne, 20 g Gouda, schwarzer Pfeffer.
Zubereitung: Backofen auf 180 Grad vorheizen. Den Spargel mit 1 EL Wasser in der Mikrowelle garen, herausnehmen und in eine feuerfeste Form legen. Pinienkerne in einer beschichteten Pfanne ganz leicht anrösten. Den Gouda fein reiben, über den Spargel streuen und darüber die Pinienkerne verteilen. Solange im Ofen überbacken bis der Käse geschmolzen ist und sofort servieren. Mit frisch gemahlenem schwarzem Pfeffer würzen.

Brokkoli-Paprika-Pfanne
Zutaten: 1 EL Olivenöl, 1/2 Brokkoli (ca. 125 g), 1 roter Paprika, 1 zerdrückte Knoblauchzehe, 1/8 l ungesalzene Hühnerbrühe, frischer oder getrockneter Estragon und Thymian, Salz, schwarzer Pfeffer.
Zubereitung: Öl in eine beschichtete Pfanne oder einen Wok geben. Brokkoli und Paprika, beides in mundgerechte Stücke geschnitten, bei mittlerer Hitze etwa fünf Minuten pfannenrühren, bis das Gemüse bissfest ist. Zum Schluss den Knoblauch untermischen und mit der Gemüsebrühe auffüllen. Mit Thymian, Oregano, Salz und Pfeffer würzen. Dazu passt Vollkornbaguette.

Pilzsalat
Zutaten: 150 g frische Shiitake-Pilze (wahlweise Champignons), 2 Schalotten, 1 EL Olivenöl, 1 großes, knackiges Blatt Kopfsalat oder Chinakohl, 1 EL Balsamicoessig, Zitronensaft, frischer Thymian und frische Petersilie, Salz, Pfeffer
Zubereitung: Die geputzten Pilze mit den gehackten Schalotten in Olivenöl bei mittlerer Hitze etwa vier Minuten garen. Essig und ein paar Spritzer Zitronensaft zugeben und noch zwei, drei Minuten weitergaren. Von der Herdplatte nehmen, mit wenig Salz und frischem Pfeffer würzen und die Kräuter drüberstreuen. Wenn die Pilze abgekühlt sind, auf dem Salatblatt anrichten.

Gemüseplatte mit Basilikumdip (4 Portionen)
Zutaten: 1 Chicorée, 2 kleine Zucchini, 1 Möhre, 1/2 gelber und 1/2 roter Paprika. Für den Dip: 1 Bund Basilikum, 125 g Magerquark, 3 EL gehackte Mandeln, abgeriebene Schale von 1/2 unbehandelten Zitrone, Saft von 1/4 Zitrone, , Salz, schwarzer Pfeffer

Zubereitung: Gemüse putzen und in etwa fingerdicke und fingerlange Stücke schneiden, Chicorréblätter ganz lassen oder längs halbieren. Alles farblich abgestuft auf einem Teller anrichten.
Für den Dip das Basilikum waschen, abtrocknen und fein hacken. Quark mit Mandeln, abgeriebener Zitronenschale und Zitronensaft verrühren und das Basilikum unterrühren. Mit Salz und frisch gemahlenem Pfeffer abschmecken, in einer Schale servieren.
Wenn Sie möchten, können Sie dazu Vollkornbrötchen reichen.

Feldsalat mit Sesam
Zutaten: 125 g Feldsalat, 1 TL Sesamsamen, 1 EL Sherryessig, 1 TL Sesamöl, 1 TL Sonnenblumenöl, etwas Senf, schwarzer Pfeffer.
Zubereitung: Salat putzen und waschen. Die Sesamsamen in einer beschichteten Pfanne goldbraun rösten. Essig und Öl gut vermischen, mit Senf und frisch gemahlenem Pfeffer abschmecken, über den Salat gießen und vermengen. Die Sesamkerne drüberstreuen.

Gemischter Salat mit Tofu
Zutaten: Ein paar Blätter von Eichblatt und Kopfsalat, 1 EL Kräuteressig, 1 EL Olivenöl, 1 Prise Salz, schwarzer Pfeffer, 1 EL Sonnenblumenöl, ca. 100 g Tofu, eine Hand voll Kresse
Zubereitung: Salatblätter waschen und trocken tupfen oder in der Salatschleuder trocknen. Die Salatmarinade aus Essig, Olivenöl, Salz und Pfeffer zubereiten. Den Tofu in 2 cm große Würfel schneiden. Das Sonnenblumenöl in einer Pfanne oder im Wok erhitzen und den Tofu darin anbraten. Nicht zu lange, sonst zerfällt er.
Vom Herd nehmen. Den Salat mit der Marinade anmischen und die warmen Tofuwürfel vorsichtig unterheben und mit der Kresse garnieren.

Leichte Kost für den Abend

Rohkostteller mit Joghurtdressing
Zutaten: 1/2 Salatgurke, 1 Tomate, 4 Radieschen, 1 Möhre, 1/2 Kohlrabi. 1/2 Becher Joghurt, 2 EL Rotweinessig, 1 EL Olivenöl, schwarzer Pfeffer, Tabasco
Zubereitung: Gemüse putzen, waschen. Gurke, Tomaten und Radieschen in Scheiben schneiden, den Kohlrabi in ca. 1 cm dicke Stif-

te. Das Ganze hübsch auf einem Teller anrichten. Aus Joghurt, Essig und Öl das Dressing mischen. Mit Pfeffer und Tabasco abschmecken und über den Rohkostteller geben

Bandnudeln mit Steinpilzsoße
Zutaten: ca. 30 g Steinpilze, 100 g grüne Bandnudeln, 1 EL Sonnenblumenöl, 1/2 Zwiebel, 1/2 Becher Joghurt, Tomatenketchup, Estragon, Oregano, schwarzer Pfeffer.
Zubereitung: Steinpilze putzen und in Scheiben schneiden. Nudeln al dente kochen. In einer Pfanne das Sonnenblumenöl erhitzen und die klein gehackte Zwiebel darin glasig dünsten. Pilze dazugeben und kurz mitdünsten. Joghurt, Tomatenketchup und Kräuter unterrühren und etwa fünf Minuten bei mittlerer Hitze köcheln lassen. Mit frisch gemahlenem Pfeffer kräftig würzen. Die heiße Soße über die Nudeln gießen und sofort servieren.

Entenbrust-Pfanne (3 Portionen)
Zutaten: 1 Entenbrustfilet (ca. 350 g), 3 rosa Grapefruits, 2 EL Sojasauce, 2 EL Honig, 1 TL schwarze Pfefferkörner, 1 Bund Staudensellerie (ca. 400 g), 2 EL Sojaöl, 1 Bund Petersilie
Zubereitung: Entenbrust in Streifen fingerdicke Stifte schneiden. 1 Grapefruit auspressen und den Saft mit Sojasoße, Honig und den zerstoßenen Pfefferkörnern mischen, über das Fleisch gießen und etwa 30 Minuten marinieren.
In der Zwischenzeit Sellerie putzen und in Streifen schneiden. Die beiden anderen Grapefruits filetieren. Fleisch aus der Marinade nehmen, trocken tupfen und in einem Wok in Sojaöl unter Rühren kross anbraten.
Herausnehmen und warm stellen. Den Sellerie im Wok bissfest garen, dann Entenstücke und die Marinade dazugeben und kurz aufkochen lassen. Die Grapefruitstücke hinzugeben, unterrühren und alles mit gehackter Petersilie bestreut servieren.

Gegrillter Ziegenkäse mit Salat (2 Portionen)
Zutaten: 2 kleine Ziegenweichkäse (ca. 80 g pro Stück), 1 TL Olivenöl, 1/2 TL grob gemahlener schwarzer Pfeffer, 1 Zweig Bohnenkraut, 2 EL Walnussöl, 1 EL Weinessig, Salz, schwarzer Pfeffer, 100 g Endivensalat, 50 g Rauke oder Radicchioblätter, 2 dünne Scheiben Vollkornbaguette

Zubereitung: Ziegenkäse in eine Schüssel legen. Olivenöl, Pfeffer und das grob gehackte Bohnenkraut darüber geben. Den Käse mehrmals darin wenden. Zudecken und über Nacht an einem kühlen Ort marinieren. Backofen auf höchster Stufe vorheizen. Für die Salatsauce Walnussöl, Essig, Salz und Pfeffer verrühren. Salat putzen und in mundgerechte Stücke zupfen, mit der Soße vermischen und auf zwei Tellern anrichten. Brot toasten, Käse draufsetzen und im Backofen etwa fünf Minuten überbacken. Brot mit Käse auf den Salattellern anrichten und sofort servieren.

Omelette mit Zuckerschoten (4 Portionen)
Zutaten: 200 g Zuckerschoten, 200 g Frühlingszwiebeln, 1 Bund Petersilie, 2 EL Sonnenblumenöl, 4 Eier, Salz, Pfeffer
Zubereitung: Zuckerschoten putzen, kurz abspülen, größere Stücke quer halbieren. In kochendem Salzwasser drei bis vier Minuten garen, abgießen und abtropfen lassen. Frühlingszwiebeln putzen, in feine Ringe schneiden und 2 EL davon beiseite stellen. Petersilie waschen, trocknen und hacken. Öl in einer Pfanne erhitzen, Frühlingszwiebeln und Petersilie unter Rühren andünsten, die Zuckerschoten hinzufügen und für etwa drei Minuten mitbraten. Eier in einer Schüssel verquirlen, mit Salz und Pfeffer abschmecken und über das Gemüse in die Pfanne gießen. Zugedeckt das Ganze fünf bis sieben Minuten stocken lassen. Dann vom Pfannenrand lösen, in vier Stücke teilen und auf Teller verteilen. Mit den restlichen Frühlingszwiebeln garnieren.

Süßes für Naschkatzen

Honigmelone mit Joghurt (2 Portionen)
Zutaten: 1 Honigmelone, 2 Becher Joghurt, 1 EL Zitronensaft, 1 TL Honig, gehackte Mandeln
Zubereitung: Melone aufschneiden, Kerne entfernen und das Fruchtfleisch mit einem Kugelausstecher aus der Melone lösen und in eine Schüssel geben. Falls Sie keinen Melonenausstecher haben, schneiden Sie das Fruchtfleisch in möglichst gleich große Würfel. Den Joghurt Zitronensaft und Honig vermischen und vorsichtig mit den Melonenkugeln vermengen. Die Mischung in die Melonenhälften füllen, mit Mandeln bestreuen, servieren.

Pochierte Pfirsiche (4 Portionen)
Zutaten: 1/2 l Portwein, 0,7 l trockener Rotwein, abgeriebene Schale von 1 unbehandelten Zitrone, 1 Vanilleschote, 2 EL weiße Pfefferkörner, 5 EL Honig, 5 frische Lorbeerblätter, 8 feste Pfirsiche
Zubereitung: Portwein, Rotwein, Zitronenschale, Vanilleschote, Pfefferkörner, Honig und Lorbeerblätter in einen flachen, breiten Topf geben und bei mittlerer Hitze einmal aufkochen lassen. Pfirsiche für etwa zwei Minuten in siedendes Wasser legen, kalt abschrecken und die Haut abziehen. Die geschälten, halbierten Früchte sofort in den Weinsud legen und bei geringer Hitze etwa zehn Minuten ziehen lassen. Anschließend den Topf vom Herd nehmen und die Pfirsiche zugedeckt im Sud abkühlen lassen. Angerichtet werden die Früchte in Schalen, zusammen mit etwas vom durchgesiebten Sud.

Ananastraum (4 Portionen)
Zutaten: 1 frische Ananas, 1 Becher fettarmer Joghurt, 1 Päckchen Vanillinzucker
Zubereitung: Ananas der Länge nach in zwei Hälften teilen, das Fruchtfleisch herausschneiden und grob hacken. Den Joghurt mit Vanillinzucker süßen und mit den Ananasstückchen vermischen. Die beiden Ananashälften noch einmal teilen und auf einen Teller geben, die Frucht-Joghurt-Mischung einfüllen.

Kirschreis (4 Portionen)
Zutaten: 500 g Kirschen, 50 g Zucker, Salz, 250 g Milchreis
Zubereitung: Kirschen waschen, entstielen und entsteinen. In einem Topf 1 l Wasser mit dem Zucker und einer Prise Salz zum Kochen bringen. Kirschen und Reis hineingeben und alles zum Kochen bringen, dann bei niedriger Temperatur köcheln lassen, bis der Reis gar ist. In Portionsschalen füllen und nach Belieben mit Zucker und Zimt bestreuen. Sie können diesen Reis auch mit anderen Früchten zubereiten wie Äpfeln, Birnen oder Pfirsiche.

Ein letztes Wort

Es freut mich, dass Sie mich so aufmerksam bis zum Schluss begleitet haben. Und ich hoffe natürlich sehr, dass Sie motiviert und sensibilisiert sind, das umzusetzen, was Sie gerade gelesen haben. Viele Gewohnheiten lassen sich nicht von heute auf morgen verändern. Von manchen fällt es ganz besonders schwer, Abschied zu nehmen. Lassen Sie sich Zeit, brechen Sie nichts übers Knie. Und wenn das eine oder andere länger dauert, verzagen Sie nicht. Geben Sie nicht auf. Viel wichtiger ist, dass Sie langfristig Ihre Essgewohnheiten umstellen. Sie sollen ja nicht verzichten, nur hier und da ein bisschen reduzieren. Selbst wenn Änderungen nur langsam gelingen, werden Sie trotzdem bald merken, dass »krebsbewusst« essen Spaß macht und richtig gut schmeckt. Ich wünsche Ihnen viel Erfolg und Durchhaltevermögen.

Genießen Sie den neuen gesunden Genuss!

Anhang

Adressen, die weiterhelfen

Bundesinstitut für gesundheitlichen Verbraucherschutz und Veterinärmedizin (BgVV), Thielallee 88-92, 14195 Berlin, Tel. 030/84120

Deutsche Krebshilfe e. V., Thomas-Mann-Str. 40, 53111 Bonn, Tel. 0228/72 99 00

Deutsche Krebsgesellschaft e. V, Hanauer Landstr. 194, 60314 Frankfurt/Main, Tel. 069/63 00 96 0

Gesellschaft für Biologische Krebsabwehr, Postfach 102549, 69015 Heidelberg, Tel. 06221/13 80 20

Deutsches Krebsforschungszentrum, Abteilung Klinische Epidemiologie, Im Neuenheimer Feld 280, 69120 Heidelberg, Tel. 06331/420

Deutsche Gesellschaft für Ernährung, Godesberger Allee 18, 53175 Bonn, Tel. 0228/37 76 60 0

Webadressen

www.DGE.de (Deutsche Gesellschaft für Ernährung)
www.krebshilfe.de (Deutsche Krebshilfe e.V.)
www.krebsgesellschaft.de (Deutsche Krebsgesellschaft e.V)
www.uni-hohenheim.de (Universität Hohenheim, Stichwort Ernährungsinformations-System)
www.5amtag.de (Gesundheitskampagne der Deutschen Krebsgesellschaft u. a.)
www.bfa-ernaehrung.de (Bundesministerium für Ernährung)
www.dife.de (Deutsches Institut für Ernährung, Potsdam-Rehbrücke)
www.biokrebs.de (Biologische Krebsabwehr, Heidelberg)
www.dkfz-heidelberg.de (Deutsches Krebsforschungszentrum, Heidelberg

Beyersdorff, Dietrich: Der große Trias-Ratgeber zur ganzheitlichen Krebs-Behandlung. Stuttgart 1997
Binder/Wahler: Handbuch der gesunden Ernährung. München 1993
Cooper, Dr. Kenneth H.: Die neuen Gesundmacher Antioxidantien. München 1995
Dr. Kuklinski/Dr. van Lunteren: Neue Chancen zur natürlichen Vorbeugung und Behandlung von umweltbedingten Krankheiten. Bielefeld 1995
Deutsche Gesellschaft für Ernährung: Ernährungsbericht 2000. Frankfurt
Deutsche Gesellschaft für Ernährung: Referenzwerte für die Nährstoffzufuhr. Frankfurt 2000
Deutsche Gesellschaft für Ernährung: Alkohol in der Ernährung – wieviel? Schorndorf 1999
Deutsche Krebsgesellschaft e.V: 5 am Tag. Obst und Gemüse. Frankfurt 1999
Grimme, L. Horst: Ernährung, Immunität, Krebsvorsorge. Heidelberg 1995
Hamm, Prof. Dr. Michael: Gesundheitsschutz aus Obst und Gemüse. München, 1996
Kleine-Gunk, Dr. Bernd: Phyto-Östrogene. Stuttgart 2000
Leitzmann/Groeneveld: Gesundheit kann man essen. München 1997
Lelley, Prof. Jan: Die Heilkraft der Pilze. München 1997
Messing, Norbert: Das praktische Handbuch vom Vitamin C. Wildberg 1991
Naumann, Regina: Bioaktive Substanzen: Die Gesundmacher in unserer Nahrung. Hamburg 1997
Oberbeil/Lentz: Obst & Gemüse als Medizin. München 1996
Rauch-Petz, Dr. Gisela: Heilende Biostoffe aus dem Gemüsekorb. München 1995
Spiekermann, Uwe: Ernährungstrends und Eßkultur. Fundus 6, Novemberheft 1999
Watzl/Leitzmann: Bioaktive Substanzen in Lebensmitteln. Stuttgart 1999
Watzl/Rechkemmer: Ernährungs-Umschau 48/2001, Heft 4

Weitere aktuelle Ratgeber-Taschenbücher im Humboldt Verlag (Auswahl)

ISBN	Titel
Freizeit und Hobby	
3-89994-010-5	Digitalfotografie - Das große Einsteigerbuch
3-89994-823-8	Einmaleins der Kartenspiele
Information und Wissen	
3-89994-007-5	Linkshändig? Rat & Information, Tipps & Adressen
3-89994-009-1	Lexikon der Lebensmittel-Etiketten
3-7081-9960-X	Lebensweisheiten berühmter Philosophen
3-7081-9958-8	Die schönsten Reden für Familienfeiern
3-7081-9957-X	Die schönsten Reden für Hochzeit und Hochzeitstage
Beruf	
3-7081-9980-4	100 clevere Tipps: Jobsuche
3-89994-983-8	100 clevere Tipps: Lebenslauf und Anschreiben
3-89994-820-3	Taschenlexikon der Wirtschaft
Gesundheit und Medizin	
3-7081-9859-X	Aktiv gegen Cellulite
3-7081-9917-0	Das Pickelbuch
3-7081-0101-4	NUAD- die traditionelle Thai-Massage
3-7081-9865-4	Akupressur - Schmerzfrei ohne Tabletten
Eltern und Kind	
3-89994-009-1	Das große Vornamenbuch
3-7081-9857-3	Ich werde Vater!
3-7081-9875-1	Schwangerschaft bewusst erleben (Stiftung Warentest: Sehr gut!)

In Zusammenarbeit mit der Deutschen Krebshilfe e.V.
www.krebshilfe.de
ISBN 3-89994-004-0 (alte ISBN 3-7081-1004-8)

Gesetzt aus der 9,5/13 Punkt Meta Book
von DTP Team Mayer & Ryll, Martinsried
Coverfoto: Photonica
Herstellung von druckundsache.de
Druck und Bindung von Artpress, Gewerbegebiet, A-6600 Höfen
Printed in Austria 2003
Weitere Informationen:
www.humboldt.de